建筑施工现场管理

严刚汉　刘庆凡　主　编

卢　朋　赵　江　副主编

中国铁道出版社

2007年·北京

内 容 简 介

本书以项目管理和企业管理理论为指导，坚持理论与实践相结合的原则，在对有关概念和理论进行系统阐述的基础上，对建筑施工现场的技术管理、生产要素管理、安全质量管理、竣工验收以及文明施工等主要环节做了较深入的探讨，有针对性地介绍了施工现场管理的具体方法。

本书可作为施工企业领导、项目经理、工程技术人员、施工现场有关人员的理论教材及操作指南；也可作为土木工程、管理工程专业教师和学生的参考书。

图书在版编目(CIP)数据

建筑施工现场管理/严刚汉,刘庆凡等编. —北京：中国铁道出版社,2007.6 重印
ISBN 978 – 7 – 113 – 03778 – 9

Ⅰ.建… Ⅱ.①严…②刘… Ⅲ.建筑工程-施工现场-施工管理 Ⅳ.TU721

中国版本图书馆 CIP 数据核字(2000)第 64358 号

书　　名：建筑施工现场管理
著作责任者：严刚汉　刘庆凡　卢朋　赵江
出版·发行：中国铁道出版社（100054，北京市宣武区右安门西街 8 号）
责任编辑：王俊法
印　　刷：北京市兴顺印刷厂
开　　本：850 mm×1 168 mm　1/32　印张：6　字数：146 千字
版　　本：2000 年 7 月第 1 版　2007 年 6 月第 3 次印刷
印　　数：6 001～8 000 册
书　　号：ISBN 978-7-113-03778-9/TU·629
定　　价：16.00 元

前　　言

　　施工现场管理是工程项目管理的中心环节。在工程项目施工与管理过程中，各项专业管理工作的成果，都将直接或间接地反映在施工现场。现场管理是一项科学性、实践性、综合性非常强的管理工作，无论对整个施工企业，还是对于具体的工程项目，施工现场管理都处于核心地位。

　　工程质量的最终决定环节在于施工现场管理。建国以来，我国建筑工程质量经历了四次大的波动。尽管发生在 90 年代末期的第四次质量大滑坡的成因是多方面的，但从微观层次上来说，施工现场混乱、管理水平低下，以及大量使用的技术水平低农民合同工。责任心不强等是造成这次质量滑坡的直接原因。施工现场管理同工程项目管理的其他环节相比、同施工技术发展水平相比、存在滞后现象。表现为施工现场管理的随意性大，文明施工、环境保护的意识差，理论研究、探讨不够等。所有这些，严重制约了我国建筑业的改革和发展。从发展趋势上看，随着生产的发展和社会的进步，人们必将越来越注重施工现场的工厂化、标准化、规范化和文明化，这也为施工现场管理提出了更高的要求。

本书以建筑施工现场为着眼点，以项目管理和企业管理理论为指导，坚持理论与实践相结合的原则。试图对施工现场管理从理论上进行一定的探讨，对施工准备、技术管理、生产要素管理、安全质量管理、竣工验收等环节进行比较详细地阐述，以期对加强施工现场管理有所裨益。

　　本书由严刚汉、刘庆凡同志策划、主持编写，刘庆凡同志总体设计和统稿；卢朋、赵江同志积极参与总体设计。编写分工为：严刚汉编写第五、七章；刘庆凡、张志民编写第一、四章；卢朋编写第三章；卢朋、王宁编写第六章；赵江、雷书华编写第八章；解文相编写第二章；王淑雨、徐田柏、刘芳等也参加了编写工作。

　　限于水平，有些章节内容还不够充实，有些问题的论述还只是探讨性的，不妥之处在所难免，恳请读者指正。

　　本书在撰写过程中参考了有关文献资料，在此谨向有关作者表示衷心地感谢。

作　　者
2000 年 4 月

目　　录

第一章　施工现场管理概述

第一节　引　言

　　施工现场管理是项目管理的重要组成部分，是实现项目目标的重要环节，它既涉及到生产力的组织，也涉及到生产关系的协调与发展；既涉及到具体施工技术问题，也涉及到经济发展与管理的问题。因此，要掌握好这门学科，要求我们具有较宽的知识面，至少必须深入理解和掌握如下六个基本概念及其相互关系。

一、六个基本概念及其相互关系

　　这六个基本概念是：（1）项目；（2）企业；（3）企业管理；（4）项目管理；（5）项目法施工；（6）现代企业制度。

　　在这六个基本概念中有两个基础，两个基础理论，一种方式和一种改革。两个基础是指项目和企业，这两个概念是紧密联系的客观实在，其中项目是最根本的，它是企业一切工作的落脚点，是企业工作的对象，是企业效益的源泉。两个基本理论是指企业管理和项目管理两个理论。它们分别产生于 20 世纪初和 60 年代，是研究和指导两个基础——企业和项目的基本理论，也是指导我们进行建设项目施工组织与管理的基础理论。一种方式是指项目法施工这一适应我国计划经济向社会主义市场经济转化时期，施工企业管理工程项目的方式；一种改革是指建立现代企业制度，现代企业制度的提出和建立将我国企业由既无财权、又无人权的行政附属物向产权清晰、自主经营、自我发展的真正的市场主体过渡，这是促使我国经济体制根本变化的改革。

这几个概念的相互关系见图 1-1。

下面对每个概念做详细阐述。

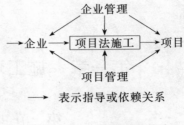

图 1-1　六个概念间的关系

二、项目

项目是指在一定约束条件下（工期、成本、质量）具有明确目标的一次性事业，有如下一些特征。

（1）项目的一次性

项目的一次性是项目的最主要特征，也可称为单件性，指的是没有与此完全相同的另一项任务，其不同点表现在任务本身与最终成果上。只有认识项目的一次性，才能有针对性地根据项目的特殊情况和要求进行管理。

（2）项目目标的明确性

项目目标有成果性目标和约束性目标。成果性目标是指项目的功能性要求，如一座钢厂的炼钢能力及其技术经济指标。约束性目标是指限制条件，如期限、预算、质量等。

（3）项目作为管理对象的整体性

一个项目，是一个整体管理对象，在按其需要配置生产要素时，必须以总体效益的提高为标准，做到数量、质量、结构的总体优化。由于内外环境是变化的，所以管理和生产要素的配置是动态的。

每个项目都必须具备上述 3 个特征，缺一不可。重复的、大批的生产活动及其成果，不能称作"项目"。

本书不是泛泛而谈项目，而是主要涉及与基本建设有关的项目，即建设项目。

（一）与基本建设项目有关的概念

1．建设项目

建设项目指在一个总体设计范围内，经济上施行统一核算，行政上具有独立组织形式的基本建设单元。在一个总体设计内，为了充分发挥投资效益而分期建设的单元，亦应作为一个建设项目。如一条铁路、一个工厂等。建设项目具有如下特征：

(1)在一个总体设计或初步设计范围内，由一个或若干个相互有内在联系的单项工程所组成、建设中实行统一核算、统一管理。

(2)在一定的约束条件下，以形成固定资产为特定目标。约束条件一是时间约束，即一个建设项目有合理的建设工期；二是资源的约束，即一个建设项目有一定的投资总量目标；三是质量约束即一个建设项目有预期的生产能力、技术水平或使用效益目标。

(3)需要遵循必要的建设程序和经过特定的建设过程。即一个建设项目从提出建设的设想、建议、方案选择、评估、决策、勘查、设计、施工一直到竣工、投产或投入使用，有一个有序的全过程。

(4)按照特定的任务，具有一次性特点的组织形式。表现为投资的一次性投入、建设地点的一次性固定，设计单一，施工单件。

(5)具有投资限额标准。只有达到一定限额的才作为建设项目，不满限额标准的称为零星固定资产购置。随着改革开放，这一限额将逐步提高，如投资 50 万元以上称建设项目。

2．工程项目

工程项目亦称单项工程，是建设项目的组成部分，该部分在功能上是完整的，是建成后能够独立发挥生产能力产生投资效益的基本建设单位。如工厂中能独立生产的车间或生产线，独立运营的码头，整条铁路（建设项目）中的某一段，如某一联络线等。一般施工单位针对工程项目可编制综合性施工组织设计或综合预算。

3．单位工程

单位工程是工程项目的组成部分，通常将工程项目所包含的不同性质的工作内容，根据能否独立组织施工的要求，将一个工程项目划分成若干单位工程。该部分能够单独招标投标，能够独立组织施工，能够单独核算，但建成后一般不能单独发挥投资作用。如住宅小区的一幢楼房，一段铁路的任何一座隧道，任何一座桥梁，都是一个单位工程。单位工程是建设项目家族中最基本的概念。针对单位工程可以编制单位工程实施性施工组织设计或个别预算——单位工程施工图预算。

从理论上我们可以将基本建设项目划分为上述三个层次，但在实践中我们可以笼统地称之为"项目"或"施工项目"，因为上述三个层次的"项目"都具备项目的基本特征。

4．分单位工程

分单位工程是工程中相对独立的部分。比如一座桥梁为一个单位工程，每一个桥墩则可称为一个分单位工程。并非每个单位工程都可以划分为若干个分单位工程。

5．分部工程

据（分）单位工程的不同施工部位可将一个（分）单位工程划分成若干个分部工程。例如，一个桥可划分为墩帽、墩身、承台和基础 4 个分部工程。

6．分项工程

分项工程是分部工程中不同性质的工作内容的集合。一个分项工程可包含若干个相关联的工序。

7．工序

工序是指在施工技术和劳动组织上相对独立的活动。工序的主要特征是：工作人员、工作地点、施工工具和材料均不发生变化。如果其有一个条件发生变化，就意味着从一个工序转入另一个工序。例如，备钢筋时，工人将钢筋整直这是一个工序，然后进行除锈工作，便进入另一个工序。

从施工操作和组织的观点看，工序是最简单的施工过程。任何一大的建设项目的完成，最终必须落实到每个具体工序的操作上。对于任一个工序，我们可以据施工图计算工序的工程量，用工程量除以产量定额，再除以队组人数，则得出该工序的作业时间，将每个工序的作业时间用一定的方式表示出来，如横道图或网络图，则得到了该项目的施工进度计划。

在掌握与建设项目有关的概念时，绝不能独立地进行，必须将其看成一个系统（图1-2）。

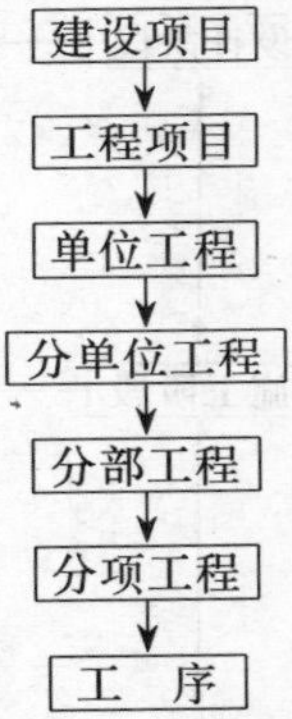

（二）项目阶段的划分

任何项目建设都是在一定时间和空间范围内展开的。项目的系统性不仅表现为项目自身的逻辑构成及其组织管理的整体性，而且突出表现为项目建设时间和空间上的阶段性、连续性和节奏性。这就要求项目建设要按一定的阶段、步骤和程序展开，研究和遵循这一规律是项目管理的重要职责，也是项目建设成功的基本保证。

```
┌──────────┐
│ 建设项目 │
└──────────┘
     ↓
┌──────────┐
│ 工程项目 │
└──────────┘
     ↓
┌──────────┐
│ 单位工程 │
└──────────┘
     ↓
┌──────────┐
│分单位工程│
└──────────┘
     ↓
┌──────────┐
│ 分部工程 │
└──────────┘
     ↓
┌──────────┐
│ 分项工程 │
└──────────┘
     ↓
┌──────────┐
│  工  序  │
└──────────┘
```

图1-2 建设项目系统的构成

按照项目的时间顺序,项目可划分为下列4个阶段:项目决策阶段,项目设计阶段,项目施工阶段和项目验收阶段,见图1-3。

1. 项目决策阶段

本阶段的主要目标，是通过投资机会的选择、可行性研究、项目评估和报请主管部门审批等，对项目上马的必要性、可能性以及为什么要上、何时上、怎么上等重大战略目标，从技术和经济、宏观与微观的角度，进行科学论证和多方案比较。如果项目研究结论是肯定的，经主管部门批准并列入国家计划后，则下达计划任务书。

本阶段工作量不大，但在整个项目周期中最为重要，对项目长远经济效益和战略方向起决定作用。

2. 项目设计阶段

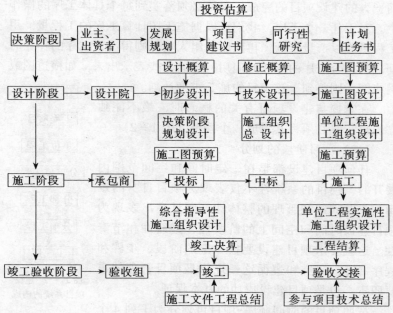

图 1 - 3　项目阶段划分及每阶段主要工作

本阶段是项目战役决策阶段。它对项目实施的成败起着决定性作用，其重要性仅次于第一阶段。可以说，项目实施能否高效率地达到预期目标，在很大程度上取决于这一阶段的工作。本阶段的主要工作包括：

（1）项目初步设计和施工设计；

（2）项目经理的选配和项目管理班子的组织；

（3）项目总体计划的制定；

（4）项目征地及建设条件的准备。

对于受业主委托的甲方项目经理（如工程师单位或工程项目监理单位的项目经理）或进行"交钥匙"总包的承包商项目经理来说，本阶段的工作最为重要，只有集中全部精力抓好本阶段的工作，项目实施才可能顺利进行。相反，如果本阶段工作未经充分展开就匆忙转入施工阶段，则势必造成施工阶段工作困难重重，甚至造成重大反复和失败。

3．项目施工阶段

本阶段的主要任务是将蓝图变成项目实体。通过建筑施工，在规定的工期、质量、造价范围内按设计要求高效率地实现项目目标。本阶段在整个项目周期中工作量最大，投入的人财物力最多，管理协调配合难度也最大。

对承包商一方的项目经理来说，本阶段工作最艰巨。对甲方项目经理来说，其主要职责是项目实施中的监督、协调、控制和指挥。

4．项目竣工验收阶段

本阶段应完成项目的竣工验收及项目联动试车。项目试产正常并经业主认可后，项目即告结束。

三、施工企业

（一）施工企业的概念

以上我们分析了项目的阶段划分，对于施工单位而言，我们更关心项目的施工阶段。为了研究项目的施工阶段，我们必须对其行为主体——人进行研究。但是，完成项目施工阶段的不是哪一个具体的人，而是许多人——人群，从管理学角度而言，有人群的地方，就必须具有两个条件。一是目标，二是制度。制度的目的是为了约束人们的行为向着一个共同的目标去努力；有了目标和制度的人群就形成了管理学上的一个基本概念——组织；对于具备一定条件的组织进行注册，经注册具备了法人地位的经济组织，就称之为企业，见图 1－4。

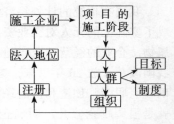

图 1－4　施工企业与项目的关系

综上所述，通过完成项目施工阶段的工作而取得盈利的具有法人地位的经济组织，称为施工企业。它具有如下特征：

（1）施工企业的目的是盈利。

（2）完成项目施工阶段相关工作是其获利得盈利的主要途径。

（3）具备法人地位：所谓法人是指自然人的泛称，系民法规定的民事主体之一，即具有民事权利能力和民事行为能力、依法独立享有民事权利和承担民事义务的组织。法人应具备下列条件：第一，依法成立，企业法人应通过法人登记程序成立；第二，有必要的财产或经费；第三，有自己的名称、组织机构和场所。

（二）施工企业中的人员

企业中的人员，因为其在企业中的地位、作用不同可以分为4类。

1．出资人、投资者或称企业家

这是企业的主体，企业要获得利润，必须具有一定的资本，而资本的拥有者、出资者构成了企业核心。因具体每一个企业出资者的构成不同，才产生了经济生活中的个人业主制企业、股份制企业和公有企业或称国有企业。

企业家的收益是红利，因经营效果不同，所以企业家的收益也不同，也就是说经营企业是有风险的。这正如现代管理学家给企业家的定义一样。所谓企业家是指冒险事业的经营者和组织者。

我国在传统的计划经济体制下，企业家这一角色不明确，造成了实际上的无人对企业资产的增值保值负责，企业是行政的附属物，企业的经营状况会随企业领导人的更换而发生波动。纵观我国改革开放 20 年以来，国家宏观经济改革的主要内容就是明确政府职能，创造和协的经济环境，而微观经济改革的主要工作就是强调政企分开，明确企业家的主体地位，明确企业的财产权，现代企业制度的提出和建立就是针对这一问题而言的。时代要求我们必须造就成千上万的企业家，明确企业的产权关系，使企业成为真正的市场主体。

2．经理

所谓经理是指受聘于企业家负责企业经营、管理的人，其收益是薪水。现代化的企业中资产的所有者和经营者一般是分离的。出资者很少直接负责经营，主要负责投资决策等重大问题，而将日常的经营管理活动交专业的管理人员——经理去完成。

3．工人

工人是指受聘于企业家，负责实现经理意图的体力、脑力劳动者，工人的收入是工资。工资与薪水都是劳动报酬，但工资是直接地与具体的劳动成果相对应的劳动报酬，如计时工资，计件工资等等。通过定义，我们可以发现工人与经理之间没有根本的区别，其在企业中的地位都是"受聘于"企业家的，只是分工不同而已。

4．消费者

广义上而言，社会上的每一个人都是消费者，但是这里所说的消费者是指本企业的消费者——使用本企业提供的产品或服务的人。

企业效益好坏的最终表现要看消费者是否使用本企业提供的产品或服务。只有用户满意的产品或服务对企业而言才有价值。所以现代经营理论提出"用户第一"，"消费者是上帝"。在现实经济生活中我们每一个人都既是生产者又是消费者，因此，"用户第一"在经济生活中具有普遍意义。

只有企业中的上述 4 种人员角色明确，责权利体系明确，分工负责，各司其职，各得其利时，这样的企业才能称为真正意义上的企业，纵观我国施工企业的改革，无论是放权让利、承包经营及项目法施工，都主要是针对"经理"和"工人"这两个层次的改革；现代企业制度的提出则是针对企业的全部 4 种人的责、权、利的改革，是我国经济体制改革的深入和发展。

四、企业管理与项目管理

企业管理与项目管理理论就是为了深入研究和分析企业与项目的行为，并为其提供指导的基本原理。

企业管理是指按照资本所有者的利益和意志，对企业的生产经营活动进行计划、组织、指挥、控制、协调与激励，保证生产经营活动顺利进行，获取最佳的经济效益，实现企业的既定目标和任务。

企业管理是企业生产经营活动中各项管理工作的一个总称。企业的生产经营活动，归纳起来不外乎两大部分：一部分是企业内部的活动，它以生产活动为中心，包括基本生产过程，辅助生产过程，生产技术准备过程，以及为生产服务的工作，等等。对于这些活动的管理，称为广义的生产管理。狭义的生产管理，指的仅是对基本生产过程和辅助生产过程的管理。企业的另一部分活动，涉及到企业外部，联系到社会经济的流通、分配和消费过程，包括生产的经营方式(如工程是自营施工还是承发包施工，承包方式是指派任务还是招标投标等)，物质的供应，劳动用工的补充与调整，产品的销售与售后服务，与其他企业的协作关系，等等，对于这些活动的管理，属于一般的经营管理。广义的经营管理则是泛指以提高工程投资效益，包括企业经济效益和社会效益为目标的全部筹划决策和组织措施。企业管理是生产管理和经营管理的统一。

项目管理是为使项目取得成功(实现所要求的质量、所规定的时限、所批准的费用预算)所进行的全过程、全方位的规划、组织、控制与协调。因此，项目管理的对象是项目。项目管理的职能同所有管理的职能均是相同的。需要特别指出的是，项目的一次性，要求项目管理的程序性和全面性，也需要有科学性，主要是用系统工程的观念、理论和方法进行管理。项目管理的目标就是项目的目标。该目标界定了项目管理的主要内容，即"三控制、二管理、一协调"，即进度控制、质量控制、费用控制、合同管理、信息管理和组织协调。

五、项目法施工

所谓项目法施工是指在回避了企业的产权关系和所有制关系的基础上，在企业的生产关系不变或较少变化的前提下，解决企业生产力诸要素在项目上的结合问题，是企业管理项目的一种方式。项目法施工的最大特点是其回避了企业的产权关系，这一方面造成了项目法施工对于施工企业改革的不彻底性，也造成了项目法施工的局限性和阶段性；另一方面也因此而使项目法施工具有很强的可操作性，它使得施工企业改革不必等到国家宏观经济管理体制理顺后再开始，从而使得项目法施工成了施工企业管理体制改革的突破口，成了联结施工企业微观改革与建筑业经济环境宏观调控的桥梁。

为什么施工企业的放权让利，承包经营等一系列改革到了80年代中期都被项目法施工所取代了呢？为什么说项目法施工是施工企业改革的突破口呢？要回答这些问题，得从分析项目与企业的特点入手，见图1－5。

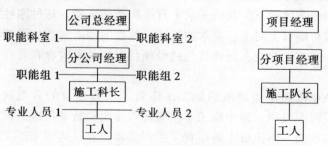

图1－5 建设项目与施工企业特点对比

建设项目的最大特点是一次性，这就要求有关项目的决策及信息的传递必须快速及时，不要求最优方案，只要求可行方案。直线制组织机构最能满足上述要求。直线制是古代军队及行政官僚机构常用的形式，体现的是领导高度集权的管理原则。这种组织形式结构简单，指挥统一，责权明确，建立和撤消灵活方便，非常适合项目一次性和单位性的特点。而施工企业管理则是长期性的经常性的，这就要求有关企业行为的决策必须是科学的和考虑全面的。直线职能制组织机构最能满足上述要求。直线职能制是最常见和最普通的形式。该种组织机构把企业的管理人员分成两类：一类是直线上的行政指挥人员，他们须对自己主管的工作负全部责任，并有权向下级行政主管人员下达命令进行指挥；另一类是职能参谋管理人员，他们是同级直线指挥人员的参谋和助手，对下级行政指挥人员及职能机构只起业务指导作用，无权直接下达命令进行指挥。这种组织形式保持了直线制集中统一指挥的优点，吸取了职能制发挥专业管理职能作用的长处，提高了管理效率，保证了决策的科学性和全面性。

从上述可知建设项目与施工企业的特点不同，使得他们对于组织结构的要求也不同，施工企业与建设项目又不是不可分开的。那么，到底应该着重考虑企业的需要而采取直线职能制组织机构，还是应该考虑建设项目的要求采取直线制的组织结构呢，传统的计划经济体制下，我们采取了直线职能制机构，这种刚性的组织结构与项目上对生产要素的灵活、弹性的需求间产生了严重的对立。使施工企业在处理其与建设项目间的关系时存在着许多弊端。

施工企业按固定建制组织施工，违背了工程建设的客观规律，造成了因人设职、整个施工单位搬迁和按企业行政层次分配施工任务的局面，不但极大地浪费了生产要素，而且还带来了工作的低效率。施工企业所承担的施工任务是经常变化的，不同的施工项目和项目的不同施工阶段，需要的生产要素的种类、数量和质量有所不同，但在传统体制下施工企业无法根据项目建设的这种规律增减所需的生产要素，所以无论承接什么样的项目都只能把所有的生产要素全部堆到项目上去，带来生产要素的浪费或短缺、人事上的重重矛盾和工作的低效率。另外，我国在不同时期投资规模不同。投资规模大时，施工队伍发展很快，并随之固定下来，一旦投资规模压缩，则施工队伍过剩，又不得不采取一系列应急和补救措施，从而给国家、企业和个人都带来了沉重的负担。

非竞争性、封闭型的经营环境阻碍了施工生产要素的合理流动和有效配置。在传统的管理体制下，没有真正的建筑市场，施工企业不能根据自己的情况选择施工项目，也不能根据施工项目的需要在部门、地区、企业间合理地调配施工所需的人员、资金、材料、设备等生产要素，资源配置完全靠政府部门的指令性计划。由于集中的指令性计划很难顾及经济活动的许多具体方面，必然造成资源配置的盲目性和巨大浪费。

缺乏独立经济主体地位的施工企业只能盲目地以完成国家计划任务、追求产值为目标，造成施工成本增加和经济效益低下。施工企业没有独立的经济主体地位，当然也不会有独立的利润和经济效益目标，而国家考核施工企业主要以是否完成国家计划任务、产值高低为标准，所以施工企业只能盲目追求产值，无须考虑施工成本和经济效益。

建筑业和施工企业的双重依附性割裂了建筑生产要素，不利于生产力的有效配置。在传统的管理体制下，施工生产人员属于施工企业，而施工所需的资金、物资（主要材料和设备）却随投资分配给建设单位，施工企业无法根据施工项目的具体情况配置生产要素，不可避免地造成资源利用的低效率。

不难看出，这些问题已经严重地阻碍了我国施工生产力的发展、投资效益的发挥以及施工企业管理水平和经济效益的提高。我国传统施工管理体制已经到了非改不可的时候了，应寻求一种能够克服管理体制的主要弊端的新型的管理体制。

项目法施工的提出从根本上讲就是要统筹考虑建设项目与施工企业的不同特点和不同要求，探求一种同时满足两者要求的新的组织机构——矩阵式组织结构，见图1-6。

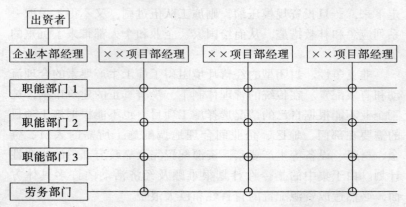

图1-6 项目法施工推行后的施工企业组织结构

该种组织结构的特点是：

(1)施工企业建立基地——企业本部。整个企业的经营管理活动由企业本部经理负责，吸收了直线职能制组织结构的优点，设置职能部门保证决策的科学性。

(2)对于每个具体工程项目，由企业择优选派项目经理，由具体项目经理在全企业范围内据项目的要求择优选定生产要素。在项目上建立高效精干的组织机构，对具体的施工管理全面负责。

(3)企业成了每个项目的靠山，企业不干涉项目的工作，但对于项目上的难点问题提供指导和帮助，企业起到了蓄水池的作用，企业与项目间分工协作，共同发展，企业从具体的项目施工管理中超脱出来，而集中精力于企业的发展战略、企业素质的提高；项目则致力于确保项目目标的实现。建立起项目依托企业，企业指导项目，协调发展的运营机制。

项目法施工的推行对于施工企业有重大意义。推行项目法施工可以带动施工企业经营管理制度的全面改革。

项目法施工作为一种新型的施工企业管理模式，不同于以往许多单项的改革措施，它的推动必然带动施工企业组织机构和管理工作的一系列改革。其最根本原因在于推行项目法施工意味着施工企业指导思想的根本转变——从产品经济思想转向有计划的商品经济思想，指导思想的转变必然带来组织形式、经营战略等方面的改革。

推行项目法施工，把施工企业的每项工程任务都分别作为一个完整的项目来管理，必然带动企业建立以项目为核心的责权体系。首先，必须就每一个项目在企业内部签订一个承包合同，落实项目的责、权、利。其次，每个项目必须设立一个全权负责的施工项目经理，实行项目独立核算，独立考核。最后，施工项目经理负责制必然会促使项目内部建立明确的责任体系。

推行项目法施工，建立起以施工项目为核心、适应项目施工需要的企业组织形式，必然带动企业组织制度的一系列改革。最重要的就是打破固定建制式的组织制度。首先，必须实行施工企业的管理层和作业层分离，明确双方的责权利；然后根据项目的客观需要用经济合同的方式实现两层的有机结合。其中一方面要充实施工企业的技术、管理、科研力量，另一方面要把作业队伍按照专业化施工的要求进行优化组合。其次，必须改革传统的直线职能制的组织形式，建立以施工项目为中心的矩阵制、任务中心制等组织形式。最后，必须实行具有灵活适应性的人事制度。一方面要根据项目的技术管理要求选择管理干部，实行干部能上能下；另一方面要根据项目的任务和特点，实行工人能进能出的弹性制度。

推行项目法施工，以施工项目为核心合理组织施工生产诸要素，必然带动施工企业内部一系列管理制度的改革。

项目法施工是连接施工企业微观改革与国民经济宏观改革的桥梁。项目法施工之所以在推动施工企业改革方面产生如此大的作用，主要原因在于其回避了产权关系和所有制关系等这些棘手的宏观问题，使得项目法施工具有很强的可操作性。恰恰因为项目法施工回避了产权问题而使得项目法施工是一种阶段性的不彻底的改革。在图 1-6 中我们发现项目法施工造成的企业组织结构的变革只涉及到企业的"经理"和"工人"层次，图中没有明确"出资者"和"企业家"角色的地位。项目法施工推行到一定程度，诸如企业产权等一系列深层次的矛盾就会显露出来，只有解决好产权问题的改革，才是彻底的改革。项目法施工的推行为解决这些深层次问题打下坚实的基础。现代企业制度的提出和建立为解决这些问题提供了理论指导。

第二节　施工现场管理的概念

施工现场即施工作业场所，俗称为工地。它是指为了从事建筑施工经批准占用的施工场地，既包括红线以内占用的建筑用地和施工用地，又包括红线以外经批准占用的临时施工用地。

一、施工现场管理的概念

施工现场管理亦可称为现场施工管理，有两种含义，即狭义的现场管理和广义的现场管理。

狭义的现场管理是指对施工现场内各作业的协调、临时设施的维修、施工现场与第三者的协调以及现场内的清理整顿等所进行的管理工作。

广义的现场管理指项目施工管理。承包商对承包工程的管理，是从总部管理和现场管理两方面进行的。总部管理集中对企业所有的施工项目进行全面控制；现场管理则主要管理手中的施工项目。它的成本和服务都直接和工程发生关系，而不是为了公司的所有施工项目或其他具体工程的利益进行工作的。

现场施工管理，是施工企业运用人力、设备、材料，通过众多的施工工序与步骤，采取各种各样的方法与手段，得以建成需要的工程项目的基本过程，也是贯彻执行专项管理（如技术、计划、质量、物资、机械设备等）要求的过程，是生产管理的主要内容。

现场施工管理的任务是，根据编制的施工作业计划和实施性施工组织设计，对拟建工程施工过程中的进度、质量、安全、节约、协作配合、工序衔接及现场布置等进行指挥、协调和控制。

二、施工现场管理的意义

1．是保证建筑产品质量的核心环节

建国以来我国的建筑产品质量发生四次大的滑坡，分别是："大跃进"时期、"文化大革命"时期、改革开放前期和 90 年代中后期。第四次质量大滑坡的原因是多方面的，从微观上来说，随着施工企业管理体制的改革以及"项目法施工"的推行，使施工企业的施工过程向异地化和分散化方向发展，施工企业对现场施工的控制呈放松趋势；施工过程班组建设的放松以及"万能施工队伍"——农民包工队的大量使用是造成这次建筑质量大滑坡的直接原因。因此，强调施工现场的标准化、科学化的管理对于保证和提高建筑工程质量具有十分重要的意义。

2．建筑施工现场管理是贯彻执行有关法规的集中体现

建筑施工现场管理不仅是一个工程管理问题，也是一个严肃的社会问题。它涉及许多城市建设管理法规，诸如：城市规划、市政管理、地产开发、资源利用、环境保护、市容美化、城市绿化、消防安全、交通运输、工业生产保障、文物保护、居民安全、人防建设、居民生活保障、精神文明建设等。

3．施工现场管理是施工活动正常进行的基本保证

在建筑施工中，大量的人流、物流、财流和信息流汇集于施工现场。这些流是否畅通，涉及到施工生产活动是否顺利进行，而现场管理是人流、物流、财流和信息畅通的基本保证。

4．施工现场把各专业管理联系在一起

在施工现场，各项专业管理工作既按合理分工分头进行，而又密切协作，相互影响，相互制约。施工现场管理的好坏，直接关系到各项专业管理的技术经济效果。

5．施工现场是施工企业与社会的主要接触点

施工现场管理是一项科学的、综合的系统管理工作，施工企业的各项管理工作，都通过现场管理来反映。企业可以通过现场这个接触点体现自身的实力，获得良好的信誉，取得生存和发展的压力和动力。社会也通过这个接触来认识、评价企业。

6．施工现场管理是建设体制改革的重要保证

在从计划经济向市场经济转换过程中，原来的建设管理体制必须进行深入的改革，而每个改革措施的成果，必然都通过施工现场反映出来。在市场经济条件下，在现场内建立起新的责、权、利结构，对施工现场进行有效的管理，既是建设体制改革的重要内容，也是其他改革措施能否成功的重要保证。

第三节　施工现场管理的内容

施工现场管理工作的内容，大致可分为两个方面的工作：按计划组织施工和对施工过程的全面控制。在施工过程中随时收集有关信息，并对计划目标对比，即进行施工检查；根据检查的结果，分析原因，提出调整意见，拟订措施，实施调度，使整个施工过程按照计划有条不紊地进行，具体说来有以下几方面的工作。

一、平面布置与管理

施工现场的布置，是要解决建筑施工所需的各项设施和永久

性建筑(拟建的和已有的建筑)之间的合理布置,按照施工步骤、施工方案和施工进度的要求,对施工用临时房屋建筑、临时加工预制场、材料仓库、堆场、临时用水、电、动力管线和交通运输道路等做出的周密规划和布置、合理的现场布置是为了进行有节奏、均衡连续施工提供有效的活动空间的基本保证,是文明施工的重要内容。由于施工现场极为复杂,而且随着施工的进展而不断地发展和变化,现场布置不应是静态的,必须根据工程进展情况进行调整、补充、修改。施工现场平面管理就是在施工过程中对施工场地的布置进行合理的调节,也是对施工总平面图全面落实的过程。现场平面管理的经常性工作主要包括:根据不同时间和不同需要,结合实际情况,合理调整场地;做好土石方的调配工作,规定各单位取弃土石方的地点、数量和运输路线等;审批各单位在规定期限内,对清除障碍物、挖掘道路、断绝交通、断绝水电动力线路等申请报告;对运输大宗材料的车辆,作出妥善安排,避免拥挤堵塞交通;做好工地的测量工作,包括测定水平位置、高程和坡度、已完工工程量的测量和竣工图的测量等。

二、建筑材料计划安排、变更和储存管理

全部材料和零部件的供应已列入施工规划,现场管理的主要内容是:确定供料和用料目标;确定供料、用料方式及措施;组织材料及制品的采购、加工和储备,作好施工现场的进料安排;组织材料进场、保管及合理使用;完工后及时退料及办理结算等。

三、合同管理工作

现场合同管理是指施工全过程中的合同管理工作,它包括两个方面:一是承包商与业主之间的合同管理工作;二是承包商与分包之间的合同管理工作。承包商与业主之间的合同管理工作的主要内容包括:合同分析;合同实施保证体系的建立;合同控制;施工索赔等。现场合同管理人员应及时填写并保存有关方面签证的文件。包括:业主负责供应的设备、材料进场时间及材料规格、数量和质量情况的备忘录；材料代用议定书；材料及混凝土试块试验单；完成工程记录和合同议事记录；经业主和设计单位签证的设计变更通知单；隐蔽工程检查验收记录；质量事故鉴定书及其采取的处理措施合理化建议及节约分成协议书；中间交工工程验收文件；合同外工程及费用记录；与业主的来往信件、工程照片、各种进度报告；监理工程师签署的各种文件等。

承包商与分包商之间的合同管理工作主要是监督和协调现场分包商的施工活动，处理分包合同执行过程中所出现的问题。

四、施工调度工作

施工调度是现场管理的神经系统，是实现正确施工指挥的重要手段。工程调度的作用主要有三点。一是施工组织指挥的中枢；二是领导指挥生产的办事机构和参谋；三是一种综合性的技术业务管理部门。

为能较好起到施工指挥中枢的作用，调度必须对辖区工程的施工动态，做到全面掌握。要掌握工程进度是否符合施工组织设计的要求；施工计划能否完成，是否平衡；人力、物力使用是否合理，能否收到较好的经济效益；有无潜力可挖，施工中的薄弱环节在哪里，已出现或可能出现哪些问题。对这些情况调度人员应首先进行综合分析，经过全盘考虑，统筹安排，然后定期或不定期地向领导提出解决已发生或即将发生的各种矛盾的切实可行的意见，供领导决策时参考，再按领导的决策意见，组织实施。这种上来下去的时间越短，工程进展就越顺利，任务完成得也越好，也就是调度的"施工指挥中枢"作用起得越好。

五、质量检查和管理

建筑工程现场施工阶段是建筑产品质量形成的主要阶段。现场质量检查和管理是施工现场管理的重要内容，概括地说主要包括两个方面工作：第一，按照工程设计要求和国家有关技术规定，如施工及验收规范、技术操作规程等，对整个施工过程的各个工序环节进行组织的工程质量检验工作，不合格的建筑材料不能进入施工现场，不合格的分部分项工程不能转入下道工序施工。第二，采用全面质量管理的方法，进行施工质量分析，找出产生各种施工质量缺陷的原因，随时采取预防措施，减少或尽量避免工程质量事故的发生，把质量管理工作贯穿到工程施工全过程，形成一个完整的质量保证体系。

六、安全管理与文明施工

安全生产是现场施工的重要控制目标之一，也是衡量施工现场管理水平的重要标志。它贯穿于施工的全过程，交融于各项专业技术管理，关系着现场全体人员的生产安全和施工环境安全。现场安全管理的中心问题，是保护生产活动中人的安全与健康，保证生产顺利进行，现场安全管理的重点是控制人的不安全行为和物的不安全状态，预防伤害事故，保证生产活动处于最佳安全状态。现场安全管理的主要内容包括：安全教育；建立安全管理制度；安全技术管理；安全检查与安全分析等。

文明施工是指在施工现场管理中，按照现代化施工的客观要求使施工现场保持良好的施工环境和施工秩序。

七、坚持填写施工日志

施工现场主管人员，要坚持填写"施工日志"。包括：施工内容、施工队组、人员调动记录、供应记录、质量事故记录、安全事故记录、上级指示记录、会议记录、有关检查记录等。施工日志要坚持天天记，记重点和关键。工程竣工后，存入档案备查。

八、施工过程中的业务分析

为了达到对施工全过程控制，必须进行许多业务分析，如：施工质量情况分析；材料消耗情况分析；机械使用情况分析；成本费用情况分析；施工进度情况分析；安全施工情况分析等。

第二章 施工准备工作

第一节 施工准备工作的概念

一、施工准备工作的概念

事物之间都是互相联系、彼此影响的。事物都处于一定的环境之中，故任何事物的发生与发展都必须有一定的条件。准备，就是人们基于对客观事物发展规律的深刻认识，为使事物按照我们的设想和要求发生与发展，而通过主观努力以创造其必要条件的工作。施工准备也就是要为施工创造必要的技术、物质、人力和组织条件，以便施工得以好、快、省、安全地进行。

施工准备工作是指施工前为了保证整个工程能够按计划顺利施工，在事先必须做好的各项准备工作。它是施工程序中的重要环节。

施工准备工作的基本任务就是：调查研究各种有关工程施工的原始资料、施工条件以及业主要求，全面合理地部署施工力量，从计划、技术、物资、资金、劳力、设备、组织、现场以及外部施工环境等方面为拟建工程的顺利施工建立一切必要的条件，并对施工中可能发生的各种变化做好应变准备。

不管是整个的建设项目，或者是其中的任何一个单位工程，甚至单位工程中的分部、分项工程，在开工之前，都必须进行施工准备。施工准备工作是施工阶段的一个重要环节，是施工管理的重要内容。施工准备的根本任务是为正式施工创造良好的条件。凡事预则立，不预则废。没有做好必要的准备施工，必然会造成现场混乱、交通阻塞，停工窝工，不仅浪费人力、物力、时间，而且还可能酿成重大的质量事故和安全事故。因此，开工前必须做好必要的施工准备工作，有合理的施工准备期，研究和掌握工程特点、工程施工的进度要求，摸清工程施工的客观条件，合理地部署施工力量，从技术上、组织上和人力、物力等各方面为施工创造必要的条件。

二、施工准备工作的分类

（一）按施工准备工作的规模范围分类

施工准备按其规模及范围的不同，可分为施工总准备、单位工程施工条件准备和分部（分项）工程作业条件准备等三种。

施工总准备：它是以整个建设项目为对象而进行的需统一部署的各项施工准备。其特点是，它的施工准备工作的出发点是为整个建设项目的顺利施工创造有利条件，它既为全场性的施工做好准备，当然也兼顾了单位工程施工条件的准备。

单位工程施工条件准备：它是以建设一栋建筑物或构筑物为对象而进行的施工条件准备工作。它的准备工作的出发点是为单位工程施工服务的，它不仅要为该单位工程在开工前做好一切准备，而且要为分部分项工程做好施工准备工作。

分部（分项）工程作业条件的准备：它是以一个分部（或分项）工程为对象而进行的作业条件准备。

（二）按施工阶段分类

施工准备按拟建工程的不同施工阶段，可分为开工前的施工准备和各分部分项工程施工前的准备等两种。

开工前施工准备：它是在拟建工程正式开工之前所进行的一切施工准备工作。其目的是为拟建工程正式开工创造必要的施工条件。它既可能是全场性的施工准备，也可能是单位工程施工条件准备。

各分部分项工程施工前的准备：它是在拟建工程正式开工之后，在每一个分部分项工程施工之前所进行的一切施工准备工作。其目的是为各分部分项工程的顺利施工创造必要的施工条件。又称为施工期间的经常性施工准备工作，也称为作业条件的施工准备。它带有局部性和短期性，又带有经常性。

由上可知：施工准备工作不仅在开工前的准备期进行，它还贯穿于整个过程中，随着工程的进展，在各个分部分项工程施工之前，都要做好施工准备工作。施工准备工作既要有阶段性，又要有连贯性。因此，施工准备工作必须有计划、有步骤、分阶段的进行，它贯穿于整个工程项目建设的始终。因此，在项目施工过程中，首先，要求准备工作一定要达到开工所必备的条件方能开工，其次，随着施工的进程和技术资料的逐渐齐备，应不断增加施工准备工作的内容和深度。

三、施工准备工作的基本内容

每项工程施工准备工作的内容，视该工程本身及其具体的条件而异。有的比较简单，有的却十分复杂。如只有一个单项工程的施工项目和包含多个单项工程的群体项目；一般小型项目和规模庞大的大中型项目；新建项目和改扩建项目，在未开发地区兴建的项目和在已开拓因而所需各种条件大多已具备的地区的项目等等，都因工程的特殊需要和特殊条件而对施工准备提出各不相同的具体要求。因此，需根据具体工程的需要和条件，按照施工项目的规划来确定准备工作的内容，并拟订具体的、分阶段的施工准备工作实施计划，才能充分地而又恰如其分地为施工创造一切必要条件。

一般工程必须的准备工作内容见图 2－1 所示。

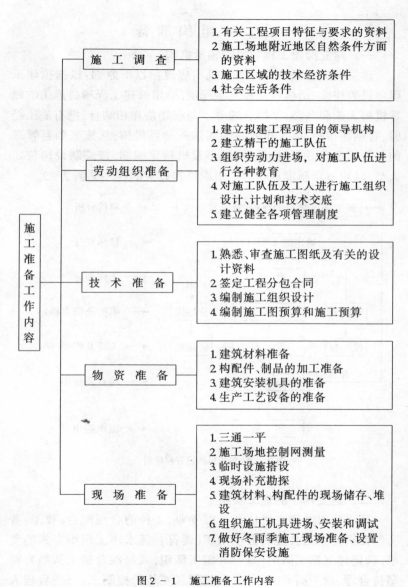

图 2－1 施工准备工作内容

第二节 组 织 准 备

一、建立拟建工程项目的领导机构

建立拟建工程项目的领导机构应遵循以下原则:根据拟建工程项目的规模、结构特点和复杂程度,确定拟建工程项目施工的领导机构人选和名额;坚持合理分工与密切协作相结合;把有施工经验、有创新精神、有工作效率的人选入领导机构;从施工项目管理的总目标出发,因目标设事,因事设机构定编制,按编制设岗位定人员,以职责定制度授权力。组织机构设置的程序见图2-2。

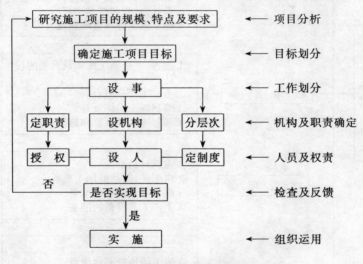

图2-2 组织机构设置程序图

二、建立精干的施工队组

施工队组的建立要认真考虑专业、工种的合理配合,技工、普工的比例要满足合理的劳动组织,要符合流水施工组织方式的要求,确定建立施工队组(是专业施工队组,或是混合施工队组),要坚持合理、精干高效的原则;人员配置要从严控制二、三线管理人员,力求一专多能、一人多职,同时制定出该工程的劳动力需要量计划。

由于建筑市场的开放,用工制度的改革,施工单位仅仅依靠自身的基本队伍来完成施工任务已不能满足需要,对于某些专业性较强、专业技术难度较大的分部工程,有时需要联合其他建筑队伍(称为外包施工队)共同完成施工任务。有时需利用当地劳力进行施工,这时要注意严禁非法层层分包,专业工种工人要执证上岗,利用临时施工队伍的,要进行技术考核,对达不到技术标准的、质量没有保证的不得使用。

三、组织劳动力进场,妥善安排各种教育,做好职工的生活后勤保障准备

施工前,企业要对施工队伍进行劳动纪律、施工质量及安全教育,注意文明施工而且还要做好职工、技术人员的培训工作,使之达到标准后再上岗操作。

此外,还要特别重视职工的生活后勤服务保障准备,要修建必要的临时房屋,解决职工居住、文化生活、医疗卫生和生活供应之用,在不断提高职工物质文化生活水平的同时,注意改善工人的劳动条件(如照明、取暖、防雨、通风、降温等),重视职工身体健康,这也是稳定职工队伍,保障施工顺利进行的基本因素。

四、向施工队组、工人进行施工组织设计、计划和技术交底

施工组织设计、计划和技术交底的目的是把拟建工程的设计内容、施工计划和施工技术等要求,详尽地向施工队组和工人讲解交待。这是落实计划和技术责任制的好办法。

施工组织设计、计划和技术交底的时间在单位工程或分部分项工程开工前及时进行,以保证工程严格地按照设计图纸,施工组织设计、安全操作规程和施工验收规范等要求进行施工。

施工组织设计、计划和技术交底的内容有工程的施工进度计划、月(旬)作业计划;施工组织设计,尤其是施工工艺、质量

标准、安全技术措施、降低成本措施和施工验收规范的要求；新结构、新材料、新技术和新工艺的实施方案和保证措施；图纸会审中所确定的有关部门的设计变更和技术核定等事项。交底工作应该按照管理系统逐级进行，由上而下直到工人班组。交底的方式有书面形式、口头形式和现场示范形式等。

队组、工人接受施工组织设计、计划和技术交底后，要组织其成员进行认真地分析研究，弄清关键部位、质量标准、安全措施和操作要领。必要时应该进行示范，并明确任务及做好分工协作，同时建立健全岗位责任制和保证措施。

五、明确现场管理有关人员的职责

（一）项目经理的职责

1. 确定项目的总目标和阶段性目标并制定项目总体控制计划

项目经理要根据业主、上级企业的要求和项目的具体情况确定项目管理总目标和阶段性目标，并进行目标分解，确定总体控制计划和组织编制子项目实施进度计划、协调程序等文件。项目的总目标、阶段性目标和总体控制计划应提请公司及业主认可。

2. 建立精干的项目经理部

项目管理组织系统是项目经理能否使项目管理成功的最基本条件和组织保证。项目经理在建立项目经理部时，应抓好组织设计、人员选配、制定各种规章制度、明确有关人员职责并授权、建立利益机制和项目内外部的沟通渠道等。

3. 与业主保持密切联系，弄清其要求和愿望

确保项目目标实现和保证达到业主满意是检查和衡量项目经理管理成败、水平高低的基本标志。业主在主要目标要求上是个动态过程，项目经理应以其保持密切联系，随时弄清其要求和愿望，并把满足业主的要求作为最高评价标准。当然，这并不是业主提出什么要求都要给予满足，对于根本违背合同条款和不可能实现的业主

要求,项目经理也应据理说明利害,妥善协商或婉言拒绝。

4. 履行合同义务,监督合同执行,处理合同变更

项目经理有权签订合同,有责任和义务履行合同。他以合同当事人的身份,运用合同的法律约束手段,把项目各方统一到项目目标和合同条款上来。项目经理在履行合同中的最高准则是信守合同。对合同的变更、合同条款的修正都有监督和处理的权力和责任。

5. 协调项目组织内外的各种关系

在项目实施阶段,项目经理日常的职责就是协调本项目组织机构与各协作单位之间的协作配合及经济、技术关系,与有关的职能部门负责人联系,确定工作中相互配合的问题以及有关的职能部门需要提供的资料。

(二)施工经理(项目副经理)的职责

施工经理主要负责现场施工管理工作,扩大他的职责权限,有利于加强现场管理功能。施工经理对项目经理负责,负责监督和协调现场的施工、供应、财务以及机关事务等各方面的工作,在公司的政策范围内有权对现场工作中的问题进行独立的判断,并相机行事。由于项目经理的授权不同和各个项目的具体情况不一样,施工经理的职责也不相同,但一般应包括以下几方面的内容。

1. 确定现场施工组织系统、工作方针和工作程序。

2. 选择现场各部门的负责人。

3. 作为项目经理的现场代表,与业主、分包公司以及地方政府和群众团体联系协商有关方面的问题。

4. 指导施工工程师,规划施工现场及临时设施的布局。

5. 指挥现场办公室、施工加工厂、工地道路等临时工程的建设工作以及修理厂和仓库的管理工作。

6. 监督管理项目在现场的所有工作人员,并在不同的施工阶段,根据工作需要对现场人员进行调配。

7．建立建筑材料和工程设备供应情况的监察程序。

8．建立施工进度监察系统,并监督分包商执行工程进度计划。

9．建立工程费用监察系统，并向项目费用控制部门提供有关资料。

10．监督执行质量检查规程。

11．协调各施工工种及分包商之间的工作，和他们共同讨论有关施工方法、施工进度以及安全施工等方面的问题。

12．审查批准现场人员工资名单、工程费用报告以及财务报告。

13．安排竣工验收工作，完成将竣工设施向业主的移交工作。

(三) 施工工程师的职责

在施工经理的领导下，对现场的施工技术问题和质量控制问题负有基本的责任。在大型项目还设内勤工程和现场工程师协助其工作。内勤工程师协助施工工程师为现场的施工和施工管理工作提供技术服务。现场工程师协助施工工程师指挥现场的施工和测量工作。施工工程师的职责包括以下内容：

1．解释设计图纸和技术规定。

2．审核现场编制的技术规定，并取得业主的认可。

3．协助合同经理对分包商的投标文件进行技术评价。

4．参与分包合同的起草工作，对合同经理提供技术方面的支持。

5．提出施工所需要的基本文件清单。例如：技术规定、土壤资料、测量基准点，水电临时设施资料等，以便有关部门能及时提供给分包商。

6．协助分包商解决有关工程方面的技术问题。

7．协助贯彻安全规程，及时向安全人员提出有关违反安全规程的问题。

8．监督工程质量的检查工作。

9．监督现场的测量控制工作。

10．参加定期的工程协调会,并在会上汇报有关的工程问题。

11．组织绘制竣工图。

12．协助施工经理对施工项目进行最后的检查。

（四）质量控制工程师的职责

质量控制工程师对施工经理负责,其基本职责是对施工质量进行检查、控制。具体的工作职责包括以下的内容:

1．协助制定质量目标、质量计划和质量控制准则。

2．参与研究和确定施工方法。

3．对现场的设备、材料进行检查,并将所发现的问题通知施工工程师。

4．按照图纸和技术规定的要求,检查各个施工工序,并对关键部位和技术要求严格的工序进行重点控制。

5．在浇灌混凝土之前,对挖方、支模以及绑扎钢筋等工序进行检查。

6．指导现场 QC 小组活动。

7．通知分包商停止进行那些不符合验收标准的工作,并将上述情况立即通知合同经理和施工工程师。

8．参加质量事故的处理,并提出报告。

9．对需要进行试验分析的项目,负责准备样品,并监督实验室的分析工作。

六、建立健全各项管理制度

工地的各项管理制度是否建立、健全,直接影响其各项施工活动的顺利进行。有章不循其后果是严重的,而无章可循更是危险的。为此必须建立、健全工地的各项管理制度。通常内容如下:

工程质量检查与验收制度;工程技术档案管理制度;建筑材料（构件、配件、制品）的检查验收制度;技术责任制度;施工图纸学习与会审制度;技术交底制度;职工考勤、考核制度;工地及班组经济核算制度；材料出入库制度；安全操作制度；机具使用保养制度。

第三节 技 术 准 备

技术准备是施工准备的核心。由于任何技术的差错或隐患都可能引起人身安全和质量事故，造成生命、财产和经济的巨大损失。因此必须认真做好技术准备工作。

一、熟悉、审查施工图纸和有关的设计资料

（一）熟悉、审查施工图纸的依据

1．建设单位和设计单位提供的初步设计或扩大初步设计（技术设计）、施工图设计、建筑总平面图、土方数量设计和城市规划等资料文件。

2．调查、搜集的原始资料。

3．设计、施工验收规范和有关技术规定。

（二）熟悉、审查设计图纸的目的

1．为了能够按照设计图纸的要求顺利地进行施工，生产出符合设计要求的最终建筑产品（建筑物或构筑物）。

2．为了能够在拟建工程开工之前，使从事建筑施工技术和经营管理的工程技术人员充分地了解和掌握设计图纸和设计意图、结构与构造特点和技术要求。

3．通过审查发现设计图中存在的问题和错误，使其改正在施工开始之前，为拟建工程的施工提供一份准确、齐全的设计图纸。

（三）熟悉、审查设计图纸的内容

1．审查拟建工程的地点、建筑总平面图同国家、城市或地区规划是否一致，以及建筑物或构筑物的设计功能和使用要求是否符合卫生、防火及美化城市方面的要求。

2．审查设计图纸是否完整、齐全，以及设计资料是否符合国家有关工程建设的设计、施工方面的方针和政策。

3．审查设计图纸与说明书在内容上是否一致，以及设计图纸与其各组成部分之间有无矛盾和错误。

4．审查建筑总平面图与其他结构图在几何尺寸、坐标、标高、说明等方面是否一致，技术要求是否正确。

5．审查工业项目的生产工艺流程和技术要求，掌握配套投产的先后次序和相互关系，以及设备安装图纸与其相配合的土建施工图纸在坐标、标高上是否一致，掌握土建施工质量是否满足设备安装的要求。

6．审查地基处理与基础设计同拟建工程地点的工程水文、地质等条件是否一致，以及建筑物或构筑物与地下建筑物或构筑物、管线之间的关系。

7．明确拟建工程的结构形式和特点，复核主要承重结构的强度、刚度和稳定性是否满足要求，审查设计图纸中的工程复杂、施工难度大和技术要求高的分部分项工程或新结构、新材料、新工艺，检查现有施工技术水平和管理水平能满足工期和质量要求并采取可行的技术措施加以保证。

8．明确建设期限、分期分批投产或交付使用的顺序和时间，以及工程所用的主要材料、设备的数量、规格、来源和供货日期。

9．明确建设、设计和施工等单位之间的协作、配合关系，以及建设单位可以提供的施工条件。

(四) 熟悉、审查设计图纸的程序

熟悉、审查设计图纸的程序通常分为自审阶段、会审阶段和现场签证等三个阶段。

1．设计图纸的自审阶段。施工单位收到拟建工程的设计图纸和有关技术文件后。应尽快地组织有关的工程技术人员熟悉和自审图纸，写出自审图纸的记录。自审图纸的记录应包括对设计图纸的疑问和对设计图纸的有关建议。

2．设计图纸的会审阶段。一般由建设单位主持，由设计单位和施工单位参加，三方进行设计图纸的会审。图纸会审时，首先由设计单位的工程主设计人向与会者说明拟建工程的设计依据、意图和功能要求，并对特殊结构、新材料、新工艺和新技术提出设计要求；然后施工单位根据自审记录以及对设计意图的了解，提出对设计图纸的疑问和建议；最后在统一认识的基础上，对所探讨的问题逐一地做好记录，形成"图纸会审纪要"，由建设单位正式行文，参加单位共同会签、盖章，作为与设计文件同时使用的技术文件和指导施工的依据，以及建设单位与施工单位进行工程结算的依据。

3. 设计图纸的现场的签证阶段。在拟建工程的过程中，如果发现施工的条件与设计图纸的条件不符，或者发现图纸中仍然有错误，或者因为材料的规格、质量不能满足设计要求，或者因为施工单位提出了合理化建议，需要对设计图纸进行及时修订时，应遵循技术核定和设计变更的签证制度，进行图纸的施工现场签证。如果设计变更的内容对拟建工程的规模、投资影响较大时，要报请项目的原批准单位批准。在施工现场的图纸修改、技术核定和设计变更资料，都要有正式的文字记录，归入拟建工程施工档案，作为指导施工、竣工验收和工程结算的依据。

二、施工图纸管理

承包商应严肃认真地建立施工图管理制度。对施工图纸要统一由公司技术主管部门负责收发、登记、保管、回收。属于国家中、大型项目或带有机密、秘密、绝密字样的图纸，要指定专人负责，并建立相应的保密管理制度。

工程合同签订后，由公司技术管理部门负责，向建设单位索取工程施工图 8～11 份及相应的标准图、通用图、地勘资料等。技术管理部门留两份，其余发到项目经理部。

项目竣工后，项目经理部应在一定时间内将工程竣工图绘制完，送一份到技术科存档，同时将一份交付建设单位。

三、编制实施性的施工组织设计

施工企业在投标时已经编制了指导性的施工组织设计,并作为投标书的一部分呈交给了建设单位。但那时的施工组织设计还只是原则性的和指导的,中标后、开工前项目部要组织有关人员在指导性施工组织设计的原则下,针对具体的施工条件编制实施性的施工组织设计。

实施性的施工组织设计是施工准备工作的重要组成部分,也是指导施工现场全部生产活动的技术经济文件。建筑施工生产活动的全过程是非常复杂的物质财富再创造的过程,为了正确处理人与物、主体与辅助、工艺与设备、专业与协作、供应与消耗、生产与储存、使用与维修以及它们在空间布置、时间排列之间的关系,必须根据拟建工程的规模、结构特点和建设单位的要求,在原始资料调查分析的基础上,编制出一份能切实指导该工程全部施工活动的科学方案(施工组织设计)。

由于建筑生产的技术经济特点,建筑工程没有一个通用定型的、一成不变的施工方法,所以,每个建筑工程项目都需要分别确定施工组织方法,也就是分别编制施工组织设计作为组织和指导施工的重要依据。

四、编制施工预算

施工预算是根据施工图预算、施工图纸、实施性的施工组织设计或施工方案、施工定额等文件进行编制的,它直接受施工图预算的控制。它是施工企业内部控制各项成本支出、考核用工、"两算"对比、签发施工任务单、限额领料、基层进行经济核算的依据。

施工图预算与施工预算存在着很大的区别。施工图预算是甲乙双方确定预算单价、发生经济联系的技术经济文件;而施工预算则是施工企业内部经济核算的依据。施工图预算与施工预算消耗与经济效益的比较,通称"两算"对比,是促进施工企业降低物资消耗,增加积累的重要手段。

第四节 施工具体条件准备

正式开工前，一定要按照实施性施工组织设计的要求和安排，做好施工具体条件的准备工作。其主要内容为生产要素的落实、"三通一平"、测量放线及临时设施的搭建等。

一、生产要素的落实

要进行生产，需要三个基本要素：劳动者、劳动资料和劳动对象。其中，劳动者是最活跃，最重要的因素。劳动资料是指机械设备、工具及建筑材料。具体来说生产要素的落实包括以下内容。

1. 施工用劳动力的准备。要依据进度计划和工艺要求落实好施工需用的各工种的劳动力数量和进场时间，编制好劳力使用计划。

2. 建筑材料的准备。建筑材料的准备主要是根据施工预算进行分析，按照施工进度计划要求，按材料名称、规格、使用时间、材料储备定额和消耗定额进行汇总，编制出材料需要量计划，为组织备料、确定仓库、场地堆放所需的面积和组织运输等提供依据。

3. 构（配）件、制品的加工准备。根据施工预算提供的构（配）件、制品的名称、规格、质量和消耗量，确定加工方案和供应渠道以及进场后的储存地点和方式，编制出其需要量计划，为组织运输、确定堆场面积等提供依据。

4. 建筑安装机具的准备。根据采用的施工方案，安排施工进度，确定施工机械的类型、数量和进场时间，确定施工机具的供应办法和进场后的存放地点和方式，编制工艺设备需要量计划，为组织运输，确定堆场面积提供依据。

5. 生产工艺设备的准备。按照拟建工程生产工艺流程及工艺设备的布置图，提出工艺设备的名称、型号、生产能力和需要量，确定分期分批进场时间和保管方式，编制工艺设备需要量计划，为组织运输、确定进场面积提供依据。

二、现场"三通一平"

在建筑工程的用地范围内,修通道路、接通施工用水、用电,平整施工场地,这些工作简称为"三通一平"。如果工程的规模较大,这些工作可分阶段进行,保证在第一期开工的工程用地范围内先完成,再依次进行其它的。除了以上"三通"外,有些小区开发建设中,还要求有"热通"(供蒸汽)、"气通"(供煤气)、"话通"(通电话)等等。

(一) 修通道路

施工现场的道路,是组织大量物资进场的运输动脉,为了保证建筑材料、机械、设备和构件早日进场,必须先修通主要干道及必要的临时性道路。为了节省工程费用,应尽可能利用已有的道路或结合正式工程的永久性道路。为使施工时不损坏路面和加快修路速度,可以先做路基,施工完毕后再做路面。

(二) 通水

施工现场的水通,包括给水和排水两个方面。施工用水包括生产与生活用水,其布置应按施工总平面图的规划进行安排。施工给水设施,应尽量利用永久性给水线路。临时管线的铺设,即要满足生产用水点的需要和使用方便,也要尽量缩短管线。施工现场的排水也是十分重要的,尤其在雨季,排水有问题,会影响运输和施工的顺利进行。因此,要做好有组织的排水工作。

(三) 通电

根据各种施工机械用电量及照明用电量,计算选择配电变压器,并与供电部门联系,按施工组织设计的要求,架设好连接电力干线的工地内外临时供电线路及通信线路。应注意对建筑红线内及现场周围不准拆迁的电线、电缆加以妥善保护。此外,还应考虑到因供电系统供电不足或不能供电时,为满足施工工地的连续供电要求,适当考虑备用发电机。

(四) 平整施工场地

施工现场的平整工作,是按建筑总平面图进行的。首先通过测量，计算出挖土及填土的数量，设计土方调配方案，组织人力或机械进行平整工作。

如拟建场地内有旧建筑物，则须拆迁房屋。同时要清理地面上的各种障碍物，如树根、废基等。还要特别注意地下管道、电缆等情况，对它们必须采取可靠的拆除或保护措施。

三、做好施工场地的测量控制网

测量放线的任务是把图纸上所设计好的建筑物、构筑物及管线等测设到地面或实物上，并用各种标志表现出来，以作为施工的依据。其工作的进行，一般是在土方开挖之前，在施工场地内设置坐标控制网和高程控制点来实现的。这些网点的设置应视工程范围的大小和控制的精度而定。在进行测量放线前，应做好以下几项准备工作：首先对测量仪器进行检验和校正，并了解设计意图，熟悉并校核施工图纸，制定出测量放线方案后，按照设计单位提供的建筑总平面图及给定的永久性经纬坐标控制网和水准控制基桩，进行施工测量，设置施工测量控制网。

四、临时设施的搭建

为了施工方便和安全，对于指定的施工用地的周界，应用围栏围挡起来，围挡的形式和材料应符合所在地部门管理的有关规定和要求。在主要出入口处设置标牌，标明工程名称、施工单位、工地负责人等等。

各种生产、生活须用的临时设施，包括各种仓库、混凝土搅拌站、预制构件场、机修站、各种生产作业棚、办公用房、宿舍、食堂、文化生活设施等等，均应按批准的施工组织设计规定的数量、标准、面积、位置等要求组织修建。大、中型工程可分批分期的修建。

在设计和搭建临时设施时，应尽量利用原有建筑物，尽可能减少临时设施的数量，以便节约占地并节省投资，除了上述工作外，还要做好施工现场的补充勘探以及做好冬雨季施工的现场准备，设置消防、保安设施等。

第三章　施工组织设计

第一节　施工组织设计的概念

一、施工组织设计的概念

施工组织设计是指导拟建工程项目进行施工准备和正常施工的基本技术经济文件，是对拟建工程在人力和物力、时间和空间、技术和组织等方面所做的全面合理的安排。

施工组织设计作为指导拟建工程项目的全局性文件，应尽量适应施工安装过程的复杂性和具体施工项目的特殊性，并且尽可能保持施工生产的连续性、均衡性和协调性，以实现生产活动的最佳经济效果。

施工过程的连续性是指施工过程的各阶段、各工序之间，在时间上具有紧密衔接的特性，保持生产过程的连续性，可以缩短施工周期、保证产品质量和节约流动资金占用；施工过程应当是均衡的。施工过程的均衡性是指项目的施工单位及其各施工生产环节，具有在相等的时段内，产出相等或稳定递增的特性，即施工生产各环节不出现前松后紧、时松时紧的现象。保持施工过程的均衡性，可以充分利用设备和人力，减少浪费，可以保证生产安全和产品质量；施工过程应当是协调的。施工过程的协调性，也称施工过程的比例性，是指施工过程的各阶段、各环节、各工序之间，在施工机具、劳动力的配备及工作面积的占用上保持适当比例关系的特性。施工过程的协调性是施工过程连续性的物质基础。施工过程只有按照连续生产、均衡生产和协调生产的要求去组织，才能顺序地进行。

二、施工组织设计的作用

施工组织设计在每项建设工程中都具有重要的规划作用、组织作用和指导作用，具体表现在：

1．施工组织设计是施工准备工作的一项重要内容，同时又是指导各项施工准备工作的依据。

2．施工组织设计可体现实现基本建设计划和设计的要求，可进一步验证设计方案的合理性与可行性。

3．施工组织设计为拟建工程所确定的施工方案，施工进度和施工顺序等，是指导开展紧凑、有秩序施工活动的技术依据。

4．施工组织设计所提出的各项资源需要量计划，直接为物资供应工作提供数据。

5．施工组织设计对现场所作的规划与布置，为现场的文明施工创造了条件，并为现场平面管理提供了依据。

6．施工组织设计对施工企业的施工计划起决定和控制性的作用。施工计划是根据施工企业对建筑市场所进行科学预测和中标的结果，结合本企业的具体情况，制定出企业不同时期应完成的生产计划和各项技术经济指标。而施工组织设计是按具体的拟建工程的开竣工时间编制的指导施工的文件。因此，施工组织设计与施工企业的施工计划两者之间有着极为密切、不可分割的关系。施工组织设计是编制施工企业施工计划的基础，反过来，制定施工组织设计又应服从企业的施工计划，两者是相辅相成、互为依据的。

三、施工组织设计的分类

施工组织设计是一个总的概念，根据建设项目的类别、工程规模、编制阶段、编制对象和范围的不同，在编制的深度和广度上也有所不同。

设计单位和施工单位都要编制施工组织设计，本书主要涉及施工单位的施工组织设计。施工单位一般在投标时，针对标的编制综合指导性的施工组织设计，亦称为施工组织总设计；中标的施工单位在开工前由项目部针对具体的单位工程编制实施性的施工组织设计；在具体施工过程中还可以针对不同的分部分项工程编制施工组织设计。

1．施工组织总设计

施工组织总设计是施工企业在投标时针对整个建设项目或工程项目进行编制的，是用来指导整个建设项目或工程项目施工全过程各项施工活动的综合指导性的施工组织设计；是建设单位综合考核施工单位是否充分理解了设计意图以及能够成功实现设计意图的主要手段。它也是施工单位编制预算、确定报价的基础。

2．单位工程实施性施工组织设计

它是以一个单位为对象进行编制的。施工企业中标后开工前必须由项目部针对具体的单位工程编制实施性施工组织设计。它是施工企业和项目部之间搞好项目评估，明确责、权、利，以及项目部向基层施工队组下达施工作业计划，具体组织指导施工和保证项目目标实现的重要手段。

3．分部分项工程施工组织设计

分部分项工程施工组织设计也叫分部分项工程作业设计。它是以分部（分项）工程为编制对象，由单位工程的技术人员负责编制，用以具体实施其分部（分项）工程施工全过程的各项施工活动的技术、经济和组织的综合性文件。一般对于工程规模大，技术复杂或施工难度大的建筑物或构筑物，在编制单位工程施工组织设计之后，常需对某些重要的又缺乏经验的分部（分项）工程再深入编制施工组织设计。例如深基础工程、大型结构安装工程、高层钢筋混凝土主体结构工程、地下防水工程等。

四、施工组织设计的基本内容

施工组织设计的内容，决定于它的任务和作用。因此，它必须能够根据不同建筑产品的特点和要求，根据现有的和可能争取到的施工条件，从实际出发，决定各种生产要素的基本结合方式，这种结合方式的时间和空间关系，以及根据这种结合方式和该建筑产品本身的特点，决定所需工人、机具、材料等的种类与数量，及其取得的时间与方式。不切实地解决这些问题，就不可能进行任何生产。由此可见，任何施工组织设计必须具有以下相应的基本内容：

1．施工方法与相应的技术组织措施，即施工方案；
2．施工进度计划；
3．施工现场平面布置；
4．各种资源需要量及其供应。

在这四项基本内容中，第3、4项主要用于指导准备工作的进行，为施工创造物质技术条件。人力、物力的需要量是决定施工平面布置的重要因素之一，而施工平面布置又反过来指导各项物质的因素在现场的安排。第1、2两项内容则主要指导施工过程的进行，规定整个的施工活动。施工的最终目的是要按照国家和合同规定的工期，优质、低成本地完成基本建设工程，保证按期投产和交付使用。因此，进度计划在组织设计中就具有决定性的意义，是决定其他内容的主导因素，其他内容的确定首先要满足它的要求、为它的需要服务，这样它也就成为施工组织设计的中心内容。从设计的顺序上看，施工方案又是根本，是决定其他所有内容的基础。它虽以满足进度的要求作为选择的首要目标，但进度最终也仍然要受到它的制约，并建立在这个基础之上。另一方面也应该看到，人力、物力的需要与现场的平面布置也是施工方案与进度得以实现的前提和保证，要对它们发生影响。因为进度安排与方案的确定必须从合理利用客观条件出发，进行必要的选择。所以，施工组织设计的这几项内容是有机地联系在一起的，互相促进，互相制约，密不可分。其关系见图3-1，图中实线为决定关系，虚线表示反作用关系。

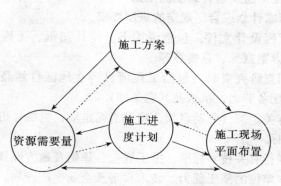

图 3－1 施工组织设计基本内容及相互关系

　　至于每个施工组织设计的具体内容，将因工程的情况和使用的目的之差异，而有多寡、繁简与深浅之分。比如，当工程处于城市或原有的工业基地时，则施工的水、电、道路与其他附属生产等临时设施将大为减少，现场的准备工作的内容将因而少些；当工程在离城市较远的新开拓地区时，这部分内容就将变得复杂起来，内容也就要多一些；对于一般性的建筑，组织设计的内容就可较简单，对于复杂的民用建筑和工业建筑或规模较大的工程，内容就不能不较为复杂；为群体建筑作战略部署时，主要是解决重大的原则性问题，涉及的面也较广，组织设计的内容就浅一些；为单体建筑的施工作战略部署，需要能具体指导建筑安装活动，涉及的面也较窄，其内容就要求深一些。除此之外，施工单位的经验和组织管理水平也可能对内容产生某些影响。比如，对某些工程，施工单位已有较多的施工经验，其组织设计的内容就可简略一些，对于缺乏施工经验的工程对象，其内容就应详尽一些、具体一些。所以，在确定每个组织设计文件的具体内容与章节时,都必须从实际出发,以适用为主,做到各具特点,少而精。

五、施工组织设计编制的依据

1. 国家计划或合同规定的进度要求。

2. 工程设计文件,包括说明书、设计图纸、工程数量表、施工组织方案意见、总概算等。

3. 调查研究资料（包括工程项目所在地区自然经济资料、施工中可配备劳力、机械及其它条件）。

4. 有关定额（劳动定额、物资消耗定额、机械台班定额等）及参考指标。

5. 现行有关技术标准、施工规范、规则及地方性规定等。

6. 本单位的施工能力、技术水平及企业生产计划。

7. 有关其它单位的协议、上级指示等。

六、施工组织设计编制的步骤

1. 计算工程量。通常可以利用工程预算中的工程量。工程量计算准确,才能保证劳动力和资源需要量计算得正确和分层分段流水作业的合理组织,故工程量必须根据图纸和较为准确的定额资料进行计算。如工程的分层分段按流水作业方法施工时,工程量也应相应的分层分段计算。同时,许多工程量在确定了方法以后可能还须修改,比如土方工程的施工由利用挡土板改为放坡以后,土方工程量即应增加,而支撑工料就将全部取消。这种修改可在施工方法确定后一次进行。

2. 确定施工方案。如果施工组织总设计已有原则规定,则该项工作的任务就是进一步具体化,否则应全面加以考虑。需要特别加以研究的是主要分部分项工程的施工方法和施工机械的选择,因为它对整个单位工程的施工具有决定性的作用。具体施工顺序的安排和流水段的划分,也是需要考虑的重点。与此同时,还要很好地研究和决定保证质量与安全和缩短技术性中断的各种技术组织措施。这些都是单位工程施工中的关键,对施工能否做到好快省安全有重大的影响。

3．组织流水作业，排定施工进度。根据流水作业的基本原理，按照工期要求、工作面的情况、工程结构对分层分段的影响以及其他因素，组织流水作业，决定劳动力和机械的具体需要量以及各工序的作业时间，编制网络计划，并按工作日排出施工进度。

4．计算各种资源的需要量和确定供应计划。依据采用的劳动定额和工程量及进度可以决定劳动量（以工日为单位）和每日的工人需要量。依据有关定额和工程量及进度，就可以计算确定材料和加工预制品的主要种类和数量及其供应计划。

5．平衡劳动力、材料物资和施工机械的需要量并修正进度计划。根据对劳动力和材料物资的计算就可绘制出相应的曲线以检查其平衡状况。如果发现有过大的高峰或低谷，即应将进度计划作适当的调整与修改，使其尽可能趋于平衡，以便使劳动力的利用和物资的供应更为合理。

6．设计施工平面图使生产要素在空间上的位置合理、互不干扰，加快施工进度。

七、编制施工组织设计注意事项

我国从第一个五年计划开始，就在一些重点工程上采用了施工组织设计，并取得了很大的成绩，但也经历了几次起伏波折。现在，随着我国建设事业的发展和经验总结，施工组织设计已得到各建设有关部门和单位的普遍重视。为了使施工组织设计更好地起到组织和指导施工的作用，在编制施工组织设计时要注意以下几个问题：

1．编制时，必须对施工有关的技术经济条件进行广泛和充分的调查研究、收集各方面的原始资料，必须广泛地征求有关单位群众的意见。主持编制的单位应先召开交底会，组织基层单位或分包单位参加，请建设单位、设计单位进行建设条件和设计交底；然后根据提供的条件和要求，广泛吸收技术人员提意见、订措施，在此基础上，提出初稿，初稿完成后，还应讨论和审定。

2．施工单位中标后，必须编制具有实际指导意义的标后施工组织设计。当建设工程实行总包和分包时，应由总包单位负责编制施工组织设计或者分阶段施工组织设计。分包单位在总包单位的总体部署下，负责编制分包工程的施工组织设计。施工组织设计应根据合同工期及有关的规定进行编制，并且一定要广泛征求各协作施工单位的意见。

3．对结构复杂、施工难度大以及采用新工艺和新技术的工程项目，要进行专业性的研究，必要时组织专门会议，邀请有经验的专业工程技术人员参加，挖掘群众的智慧，以便为施工组织设计的编制和实施打下坚实的群众基础。

4．在施工组织设计编制过程中，要充分发挥各职能部门的作用，吸收他们参加编制和审定；充分利用施工企业的技术力量和管理能力、统筹安排、扬长避短，发挥施工企业的优势和水平，合理安排各工序间的立体交叉配合施工顺序。

5．当施工组织设计的初稿完成后，要组织参加编制的人员及单位进行讨论，经逐项逐条地研究修改，最终形成正式文件，送主管部门审批。

第二节　施工组织总设计

一、施工组织总设计的作用及编制程序

施工组织总设计的作用主要有以下几点：

1．从全局出发，为整个项目的施工阶段做出全面的战略部署；

2．为做好施工准备工作，保证资源供应；

3．确定设计方案的可行性和经济合理性；

4．为建设单位编制基本建设计划提供依据；

5．为施工单位编制生产计划和单位工程施工组织设计提供依据；

6．为组织全工地性施工提供科学方案和实施步骤。

施工组织总设计的编制程序如图 3 - 2 所示。

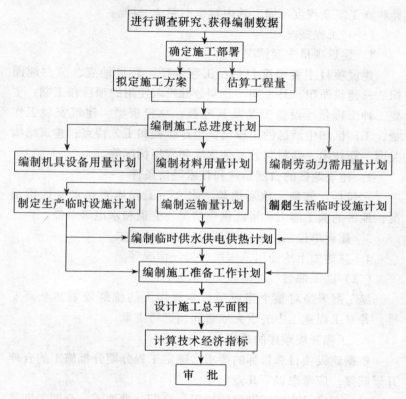

图 3 - 2 施工组织总设计的编制程序

二、施工组织总设计的主要内容

施工组织总设计的内容一般主要包括：工程概况和施工特点

分析、施工部署和主要项目施工方案、施工总进度计划、全场性的施工准备工作计划、施工资源总需要量计划、施工总平面图和各项主要技术经济评价指标等。但是由于建设项目的规模、性质、建筑和结构的复杂程度、特点不同，建筑施工场地的条件差异和施工复杂程度不同，其内容也不完全一样。

（一）工程概况

1. 建设项目主要情况

建设项目主要情况包括：工程性质、建设地点、总占地面积、总建筑面积、总工期、分期分批投入使用的项目和工期；主要工种工程量、设备安装及其吨数；总投资额、建筑安装工作量、工厂区和生活区的工作量；生产流程和工艺特点；建筑结构类型、新技术、新材料的复杂程度和应用情况等。

2. 建设地区的自然条件和技术经济条件

它包括：气象、地形地貌、水文、工程地质和水文地质情况；地区的施工能力、资源供应情况、交通和水电等条件。

3. 建设单位或上级主管部门对施工的要求。

4. 其他如土地征用范围居民搬迁情况等。

（二）施工部署

施工部署是对整个建设项目全局作出的统筹规划和全面安排，并对工程施工中的重大战略问题进行决策。

1. 工程开展顺序的确定

根据建设项目总目标的要求，确定工程分期分批施工的合理开展顺序，应考虑以下几点：

（1）在满足合同工期的前提下，分期分批施工。合同工期是施工的时间总目标，不能随意改变。有些工程在编制施工组织总设计时没有签订合同，则应保证总工期控制在定额工期之内。在这个大前提之下，进行合理的分期分批并进行合理搭接。例如，施工期长的、技术复杂的、施工困难多的工程，应提前安排施工；急需的和关键的工程应先期施工和交工；应提前施工和交工可供施工使用的永久性工程和公用基础设施工程（包括：水源及供水设施、排水干线、铁路专用线、卸货台、输电线路、配电变压所、交通道路等）；按生产工艺要求，起主导作用或须先期投入生产的工程应尽先安排；在生产上应先期使用的机修、车库、办公楼及家属宿舍等工程应提前施工和交工，等等。

（2）一般应按先地下、后地上，先深后浅，先干线、后支线的原则进行安排；路下的管线先施工，后筑路。

（3）安排施工程序时要注意工程交工的配套，使建成的工程能迅速投入生产或交付使用，尽早发挥该部分的投资效益。这一点对于工业建设项目尤其重要。

（4）在安排施工程序时还应注意使已完工程的生产或使用和在建工程的施工互不妨碍，使生产、施工两方便。

（5）施工程序应当与各类物资、技术条件供应之间的平衡以及合理利用这些资源相协调，促进均衡施工。

（6）施工程序必须注意季节的影响，应把不利于某季节施工的工程，提前到该季节来临之前或推迟到该季节终了之后施工，但应注意这样安排以后应保证质量，不拖延进度，不延长工期。大规模土方工程和深基础土方施工，一般要避开雨季；寒冷地区的房屋施工尽量在入冬前封闭，使冬季可进行室内作业和设备安装。

2．主要工程项目施工方案的制定

施工组织总设计中要拟定一些主要单位工程的施工方案。这些单位工程通常是建设项目中工程量大、施工难度大、工期长，对整个建设项目的完成起关键性作用的建筑物（或构筑物），以及全场范围内工程量大、影响全局的特殊分项工程。拟定主要单位工程的施工方案目的是为了进行技术和资源的准备工作，同时也为了施工进程的顺利开展和现场的合理布置。其内容包括确定施工方法、施工工艺流程、施工机械设备等。对施工方法的确定要兼顾技术工艺的先进性和经济上的合理性；对施工机械的选择，应使主导机械的性能既能满足工程的需要，又能发挥其效能，在各个工程上能够实现综合流水作业，减少其拆、装、运的次数；对于辅助配套机械，其性能应与主导施工机械相适应，以充分发挥主导施工机械的工作效率。

3．施工任务划分与组织安排

在明确施工项目管理体制、机构的条件下，划分各参与施工单位的工作任务，明确总包与分包的关系，建立施工现场统一的组织领导机构及职能部门，确定综合的和专业化的施工组织，明确各单位之间分工与协作的关系，划分施工阶段，确定各单位分期分批的主攻项目和穿插项目。

4．施工准备工作总计划

根据施工开展程序和主要工程项目施工方案，编制好施工项目全场性的施工准备工作计划。

（三）施工总进度计划

编制施工总进度计划就是根据施工部署中的施工方案和工程项目的开展程序，对全工地的所有工程项目做出时间上的安排。其作用在于确定各个施工项目及其主要工种工程、准备工作和全工地性工程的施工期限及其开工和竣工的日期，从而确定建筑施工现场上劳动力、材料、成品、半成品、施工机械的需要数量和调配情况，以及现场临时设施的数量、水电供应数量和能源、交通的需要数量等等。因此，正确地编制施工总进度计划是保证各项目以及整个建设工程按期交付使用，充分发挥投资效益，降低建筑工程成本的重要条件。

编制施工总进度计划的基本要求是：保证拟建工程在规定的期限内完成；迅速发挥投资效益；保证施工的连续性和均衡性；节约施工费用。

根据施工部署中建设工程分期分批投产顺序，将每个交工系统的各项工程分别列出，在控制的期限内进行各项工程的具体安排；如建设项目的规模不太大，各交工系统工程项目不很多时，亦可不按分期分批投产顺序安排，而直接安排总进度计划。

施工总进度计划编制的步骤如下：

1. 列出工程项目一览表并计算工程量

施工总进度计划主要起控制总工期的作用，因此项目划分不宜过细。通常按照分期分批投产顺序和工程开展程序列出，并突出每个交工系统中的主要工程项目，一些附属项目及小型工程、临时设施可以合并列出工程项目一览表。

在工程项目一览表的基础上，按工程的开展顺序，按单位工程计算主要实物工程量，此时计算工程量的目的是：

（1）为了选择施工方案和主要的施工、运输机械；

（2）初步规划主要施工过程的流水施工；

（3）估算各项目的完成时间；

（4）计算劳动力和技术物资的需要量。

因此，工程量只需粗略地计算即可。

计算工程量，可按初步或扩大初步设计图纸并根据各种定额手册进行计算。常用的定额、资料有以下几种：

（1）万元、十万元投资工程量、劳动力及材料消耗扩大指标。这种定额规定了某一种结构类型建筑，每万元或十万元投资中劳动力、主要材料等消耗数量。根据设计图纸中的结构类型，即可估算出拟建工程分项需要的劳动力和主要材料的消耗数量。

（2）概算指标或扩大结构定额。这两种定额都是预算定额的进一步扩大。概算指标是以建筑物每 100 m^3 体积为单位，扩大结构定额则以每 100 m^2 建筑面积为单位。查定额时，首先查找与本建筑物结构类型、跨度、高度相类似的部分，然后查出这种建筑物按定额单位所需要的劳动力和各项主要材料消耗量，从而推算出建筑物所需要的劳动力和材料的消耗数量。

(3) 标准设计或已建房屋、构筑物的资料。在缺少上述几种定额手册的情况下，可采用标准设计或已建成的类似工程实际所消耗的劳动力及材料加以类比，按比例估算。但是，由于和拟建工程完全相同的已建工程是极为少见的，因此在采用已建工程资料时，一般都要进行折算、调整。除房屋外，还必须计算主要的全工地工程的工程量，如场地平整、铁路及道路和地下管线的长度等，这些可以根据建筑总平面图来计算。

2. 确定各单位工程的施工期限

建筑物的施工期限，由于各施工单位的施工技术与管理水平、机械化程度、劳动力和材料供应情况等不同，而有很大差别。因此应根据各施工单位的具体条件，并考虑施工项目的建筑结构类型、体积大小和现场地形、工程与水文地质、施工条件等因素加以确定。此外，也可参考有关的工期定额来确定各单位工程的施工期限。工期定额或指标是根据我国各部门多年来的施工经验，经统计分析对比后制定的。

3. 确定各单位工程的开竣工时间和相互搭接关系

在施工部署中已经确定了总的施工期限、施工程序和各系统的控制期限及搭接时间，但对每一个单位工程的开竣工时间尚未具体确定。通过对各主要建筑物的工期进行分析，确定了每个建筑物或构筑物的施工期限后，就可以进一步安排各建筑物或构筑物的搭接施工时间。通常应考虑以下各主要因素：

(1) 保证重点，兼顾一般。在安排进度时，要分清主次，抓住重点，同时期进行的项目不宜过多，以免分散有限的人力物力。主要工程项目指工程量大、工期长、质量要求高、施工难度大，对其他工程施工影响大，对整个建设项目的顺利完成起关键性作用的工程子项。这些项目在各系统控制期限内应优先安排。

(2) 满足连续、均衡施工要求。在安排施工进度时，应尽量使各工种施工人员、施工机械在全工地内连续施工、同时尽量使劳动力、施工机具和物资消耗量在全工地上达到均衡，避免出现突出的高峰和低谷，以利于劳动力的调度、原材料供应和充分利用临时设施。为达到这种要求，应考虑在工程项目之间组织大流水施工，即在相同结构特征的建筑物或主要工种工程之间组织流水施工，从而实现流水施工，从而实现人力、材料和施工机械的综合平衡。另外，为实现连续均衡施工，还要留出一些后备项目，如宿舍、附属或辅助车间、临时设施等，作为调节项目，穿插在主要项目的流水中。

（3）满足生产工艺要求。工业企业的生产工艺系统是串联各个建筑物的主动脉。要根据工艺所确定的分期分批建设方案，合理安排各个建筑物的施工顺序，使土建施工、设备安装和试生产实现"一条龙"，以缩短建设周期。尽快发挥投资效益。

（4）认真考虑施工总进度计划对施工总平面、空间布置的影响。工业企业在建设项目的建设总平面设计，应在满足有关规范要求的前提下，使各建筑物的布置尽量紧凑，这可以节省占地面积，缩短场内各种道路、管线的长度，但同时由于建筑物密集，也会导致施工场地狭小，使场内运输、材料构件堆放、设备组装和施工机械布置等产生困难。为减少这方面的困难，除采取一定的技术措施外，对相邻各建筑物的开工时间和施工顺序予以调整，以避免或减少相互影响也是重要措施之一。

（5）全面考虑各种条件限制。在确定各建筑物施工顺序时，还应考虑各种客观条件的限制。如施工企业的施工力量，各种原材料、机械设备的供应情况，设计单位提供图纸的时间和年度建筑投资数量等，对各项建筑物的开工时间和先后顺序予以调整。同时，由于建筑施工受季节、环境影响较大，因此，经常会对某些项目的施工时间提出具体要求，从而对施工的时间和顺序安排产生影响。

4．编制施工总进度计划表

在进行上述工作之后，施工总进度计划表便可着手编制。施工总进度计划可以用横道图表达，也可以用网络图表达。由于施工总进度计划只是起控制性作用，因此不必搞得过细。用横道图计划比较直观，简单明了；网络计划可以表达出各项目或各工序间的逻辑关系，可以通过关键线路直观体现控制工期的关键项目或工序，另外还可以应用电子计算机进行计算和优化调整，近年来已经在实践中得到广泛应用。

（四）资源需要量计划

1．综合劳动力和主要工种劳动力计划

劳动力综合需要量计划是确定暂设工程规模和组织劳动力进场的依据。编制时首先根据工种工程量汇总表中分别列出的各个建筑物专业工种的工程量，查相应定额，便可得到各个建筑物几个主要工种的劳动量。再根据总进度计划表中各单位工程工种的持续时间，即可得到某单位工程在某段时间里的平均劳动力数。同样方法可计算出各个建筑物的各主要工种在各个时期的平均工人数。将总进度计划表纵坐标方向上各单位工程同工种的人数叠加在一起并连成一条曲线，即为某工种的劳动力动态曲线图和计划表。

2．材料、构件及半成品需要量计划

根据各工种工程量汇总表所列各建筑物和构筑物的工程量，查万元定额或概算指标便可得出各建筑物或构筑物所需的建筑材料、构件和半成品的需要量。然后根据总进度计划表，大致估计出某些建筑材料在某季度的需要量，从而编制出建筑材料、构件和半成品的需要量计划。它是材料和构件等落实组织货源、签订供应合同、确定运输方式、编制运输计划、组织进场、确定暂设工程规模的依据。

3．施工机具需要量计划

主要施工机械，如挖土机、起重机等的需要量，根据施工进度计划，主要建筑物施工方案和工程量，并套用机械产量定额求得；辅助机械可以根据建筑安装工程每十万元扩大机具概算指标求得；运输机械的需要量根据运输量计算。最后编制施工机具需要量计划，施工机具需要量计划除为组织机械供应外，还可作为施工用电、选择变压器容量等的计算和确定停放场地面积的依据。

（五）施工总平面图

施工总平面图是拟建项目施工场地的总布置图。它按照施工方案和施工进度的要求，对施工现场的道路交通、材料仓库、附属企业、临时房屋、临时水电管线等做出合理的规划布置，从而正确处理全工地施工期间所需各项设施和永久建筑、拟建工程之间的空间关系。

1．施工总平面图设计的内容

（1）建设项目施工总平面图上的一切地上、地下已有的和拟建的建筑物、构筑物以及其他设施的位置和尺寸。

（2）施工用地范围，施工用的各种道路。

（3）加工厂、制备站及有关机械的位置。

（4）各种建筑材料、半成品、构件的仓库和生产工艺设备主要堆场、取土弃土位置。

（5）行政管理房、宿舍、文化生活福利建筑等。

（6）水源、电源、变压器位置，临时给排水管线和供电、动力设施。

（7）机械站、车库位置。

（8）一切安全、消防设施位置。

（9）永久性测量放线标桩位置。

许多规模巨大的建筑项目，其建设工期往往很长。随着工程的进展，施工现场的面貌将不断改变。在这种情况下，应按不同阶段分别绘制若干张施工总平面图，或者根据工地的变化情况，及时对施工总平面图进行调整和修正，以便符合不同时期的需要。

2．施工总平面图设计的原则

(1) 尽量减少施工用地，少占农田，使平面布置紧凑合理。

(2) 合理组织运输，减少运输费用，保证运输方便通畅。

(3) 施工区域的划分和场地的确定，应符合施工流程要求，尽量减少专业工种和各工程之间的干扰。

(4) 充分利用各种永久性建筑物、构筑物和原有设施为施工服务，降低临时设施的费用。

(5) 各种生产生活设施应便于工人的生产生活。

(6) 满足安全防火，劳动保护的要求。

3．施工总平面图设计的依据

(1) 各种设计资料，包括建筑总平面图、地形图地貌图、区域规划图、建筑项目范围内有关的一切已有和拟建的各种设施位置。

(2) 建设地区的自然条件和技术经济条件。

(3) 建设项目的建筑概况、施工方案、施工进度计划，以便了解各施工阶段情况，合理规划施工场地。

(4) 各种建筑材料、构件、加工品、施工机械和运输工具需要量一览表，以便规划工地内部的储放场地和运输线路。

(5) 各构件加工厂规模、仓库及其他临时设施的数量和外廓尺寸。

4．施工总平面图的设计步骤

施工总平面图的设计步骤是：

引入场外交通道路→布置仓库→布置加工厂和混凝土搅拌站→布置内部运输道路→布置临时房屋→布置临时水电管网和其他动力设施→绘正式施工总平面图。

（1）场外交通的引入。设计全工地性施工总平面图时，首先应从研究大宗材料、成品、半成品、设备等进入工地的运输方式入手。当大宗材料，由铁路运来时，首先要解决铁路的引入问题；当大批材料是由水路运来时，应首先考虑原有码头的运用和是否增设专用码头问题；当大批材料是由公路运入工地时，由于汽车线路可以灵活布置，因此，一般先布置场内仓库和加工厂，然后再布置场外交通的引入。

（2）仓库与材料堆场的布置。通常考虑设置在运输方便、位置适中、运距较短并且安全防火的地方。区别不同材料、设备和运输方式来设置。

（3）加工厂布置。各种加工厂布置，应以方便使用、安全防火、运输费用最少、不影响建筑安装工程施工的正常进行为原则。一般应将加工厂集中布置在同一个地区，且多处于工地边缘。各种加工厂应与相应的仓库或材料堆场布置在同一地区。

（4）布置内部运输道路。根据各加工厂、仓库及各施工对象的相对位置，研究货物转运图，区分主要道路和次要道路，进行道路规划。

（5）行政与生活临地设施布置。行政与生活临时设施包括：办公室、汽车库、职工休息室、开水房、小卖部、食堂、俱乐部和浴室等。根据工地施工人数，可计算出这些临时设施的建筑面积。应尽量利用建设单位的生活基地或其他永久建筑，不足部分另行建造。

（6）临时水电管网及其他动力设施的布置。当有可以利用的水源、电源时，可以将水电从外面接入工地，沿主要干道布置干管、主线，然后与各用户接通。临时总变电站应设置在高压电引入处，不应放在工地中心，临时水池应放在地势较高处。

第三节 单位工程实施性施工组织设计

一、单位工程实施性施工组织设计的编制依据和程序

单位工程实施性施工组织设计的编制依据有以下几方面。

1．主管部门的批示文件及建设单位的要求。如上级主管部门或发包单位对工程的开竣工日期、土地申请和施工执照等方面的要求，施工合同中的有关规定等。

2．施工图纸及设计单位对施工的要求。其中包括：单位工程的全部施工图纸、会审记录和标准图等有关设计资料、对于结构复杂的建筑工程还要有设备图纸和设备安装对土建施工的要求，及设计单位对新结构、新材料、新技术和新工艺的要求。

3．施工企业年度生产计划对该工程的安排和规定的有关指标。如进度、其他项目穿插施工的要求等。

4．施工组织总设计或大纲对该工程的有关规定和安排。

5．资源配备情况。如施工中需要的劳动力、施工机具和设备、材料、预制构件和加工品的供应能力和来源情况。

6．建设单位可能提供的条件和水、电供应情况。如建设单位可能提供的临时房屋数量，水、电供应量，水压、电压能否满足施工要求等。

7．施工现场条件和勘察资料。如施工现场的地形、地貌、地上与地下的障碍物、工程地质和水文地质、气象资料、交通运输道路及场地面积等。

8．预算文件和国家规范资料。工程的预算文件等提供了工程量和预算成本。国家的施工验收规范、质量标准、操作规程和有关定额是确定施工方案、编制进度计划等的主要依据。

单位工程实施性施工组织设计的编制程序如图3-3所示。

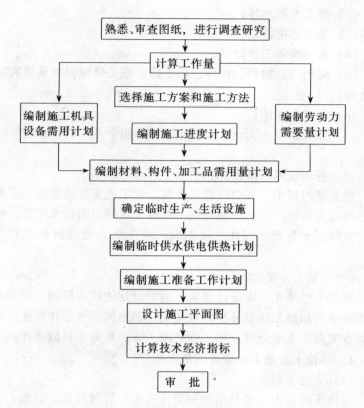

图 3 - 3 单位工程实施性施工组织设计编制程序

二、单位工程实施性施工组织设计的主要内容

单位工程实施性施工组织设计的内容，根据工程性质、规模、繁简程度的不同，其内容和深广度要求不同，不强求一致，但内容必须简明扼要，使其真正能起到指导现场施工的作用。

单位工程实施性施工组织设计较完整的内容一般应包括：

（1）工程概况及施工特点；

（2）施工方案选择；

（3）施工进度计划；

（4）施工准备工作计划；

（5）劳动力、材料、构件、加工品、施工机械和机具等需要量计划；

（6）施工平面图；

（7）保证质量、安全、降低成本和冬雨季施工的技术组织措施；

（8）各项技术经济指标。

以上诸内容中，其中以施工方案、施工进度计划和施工平面图三项最为关键，它们分别规划了单位工程施工的技术组织、时间、空间三大要素。因此在编制时，应下大力量进行研究和筹划。

（一）施工方案

单位工程施工方案设计是施工组织设计的核心问题。它是在对工程概况和施工特点分析的基础上，确定施工程序和顺序，施工起点流向，主要分部分项工程的施工方法和施工机械选择。

1．单位工程施工应遵循的施工顺序

（1）先地下后地上

先地下后地上主要是指首先完成管道、管线等地下设施、土方工程和基础工程，然后开始地上工程施工；对于地下工程也应按先深后浅的程序进行，以免造成施工返工或对上部工程的干扰，使施工不便，影响质量造成浪费。

（2）先主体后外围

先主体后外围主要是指先施工框架主体结构，再进行围护结构的施工。

（3）先结构后装饰

一般先结构后装饰是指先进行主体结构施工，后进行装修工程的施工。但是，必须指出，随着新建筑体系的不断涌现和建筑工业化水平的提高，某些装饰与结构构件均在工厂完成。

（4）先土建后设备

先土建后设备主要是指一般的土建工程与水暖电卫等工程的总体施工顺序，至于设备安装的某一工序要穿插在土建的某一工序之前，这实际应属于施工顺序问题。工业建筑的土建工程与设备安装工程之间的程序，主要决定于工业建筑的种类，如对于精密仪器厂房，一般要求土建、装饰工程完成后工艺安装设备；重型工业厂房，一般先安装工艺设备后建设厂房或设备安装与土建施工同时进行，如冶金车间、发电厂的主厂房、水泥厂的主车间等。

2．确定施工起点流向

确定施工起点流向就是确定单位工程在平面或竖向上施工开始的部位和开展的方向。对单位建筑物，如厂房按其车间、工段或跨间，分区分段地确定出在平面上的施工流向外，还须确定其层或单元在竖向上的施工流向。例如多层房屋的现场装饰工程是自下而上，还是自上而下地进行。它牵涉到一系列施工活动的开展和进程，是组织施工活动的重要环节。

3．确定施工顺序

施工顺序是指分部分项工程施工的先后次序。合理地确定施工顺序是编制施工进度的需要。确定施工进度时，一般应考虑以下因素：

（1）遵循施工程序。

（2）符合施工工艺，如预制钢筋混凝土柱的施工顺序为支模板、绑钢筋、浇混凝土，而现浇钢筋混凝土柱的施工顺序为绑钢筋、支模板、浇混凝土。

（3）与施工方法一致。

（4）按照施工组织的要求。如一般安排室内外装饰工程施工顺序时，可按施工组织规定的先后顺序。

(5) 考虑施工安全和质量。屋面采用三毡四油防水层施工时，外墙装饰一般安排在其后进行；为了保证质量，楼梯抹面最好安排在上一层的装饰工程全部完成之后进行。

(6) 考虑当地气候的影响。如冬季室内施工时，先安装玻璃，后做其他装修工程。

4．施工方法和施工机械的选择

正确地拟定施工方法和选择施工机械是施工组织设计的关键，它直接影响施工进度，施工质量和安全，以及工程成本。

一个工程的施工过程，施工方法和建筑机械均可采用多种形式。施工组织设计的任务是在若干个可行方案中选取适合客观实际的较先进合理又最经济的施工方案。

施工方法的选择，应着重考虑影响整个单位工程的分部分项工程如工程量大、施工技术复杂或采用新技术、新工艺及对工程质量起关键作用的分部分项工程，对常规做法和工人熟悉的项目，则不必详细拟定，只可提具体要求。

选择施工方法必须涉及施工机械的选择。机械化施工是改变建筑工业生产落后面貌，实现建筑工业化的基础，因此施工机械的选择是施工方法选择的中心环节，在选择时应注意以下几点：

(1) 首先选择主导工程的施工机械，如地下工程的土方机械，主体结构工程的垂直、水平运输机械，结构吊装工程的起重机械等。

(2) 各种辅助机械重运输工具应与主导机械的生产能力协调配套，以充分发挥主导机械效率。如土方工程在采用汽车运土时，汽车的载重量应为挖土机斗容量的整数倍，汽车的数量应保证挖土机连续工作。

(3) 在同一工地上，应力求建筑机械的种类和型号尽可能少一些，以利于机械管理；尽量使机械少，而配件多，一机多能，提高机械使用效率。

（4）机械选择应考虑充分发挥施工单位现有机械的能力，当本单位的机械能力不能满足工程需要时，则应购置或租赁所需新型机械或多用机械。

5．技术组织措施的设计

技术组织措施是指在技术、组织方面对保证质量、安全、节约和季节施工所采用的方法。确定这些方法是施工组织设计编制者带有创造性的工作。

（1）保证质量措施。保证质量的关键是对施工组织设计的工程对象经常发生的质量通病制订防治措施，要从全面质量管理的角度，把措施订到实处，建立质量保证体系，保证"PDCA 循环"的正常运转，全面贯彻执行国际质量认证标准（ISO 9000）。对采用的新工艺、新材料、新技术和新结构，须制定有针对性的技术措施，以保证工程质量。认真制定放线正确无误的措施，确保地基基础特别是特殊、复杂地基基础的措施，保证主体结构中关键部位质量的措施及复杂特殊工程的施工技术措施等。

（2）安全施工措施。安全施工措施应贯彻安全操作规程，对施工中可能发生安全问题的环节进行预测，提出预防措施。安全施工措施主要包括：

①对于采用的新工艺、新材料、新技术和新结构，制定有针对性的、行之有效的专门安全技术措施，以确保安全；

②预防自然灾害（防台风、防雷击、防洪水、防地震、防暑降温、防冻、防寒、防滑等）的措施；

③高空及立体交叉作业的防护和保护措施；

④防火防爆措施；

⑤安全用电和机电设备的保护措施。

（3）季节性施工措施。当工程施工跨越冬季和雨季时，就要制定冬期施工措施和雨期施工措施。制定这些措施的目的是保质量、保安全、保工期、保节约。

(4) 防治环境污染的措施。

(二) 施工进度计划的编制

详见本章第四节，此不赘述。

(三) 施工现场的平面布置

施工平面图是布置施工现场的依据，也是施工准备工作的一项重要依据，是实现文明施工，节约土地，减少临时设施费用的先决条件。其绘制比例一般为 1∶200～1∶500。如果单位工程施工平面图是拟建建筑群的组成部分，它的施工平面图就是全工地总施工平面图的一部分，应受到全工地总施工平面图的约束，并应具体化。

1. 单位工程施工平面图的内容

施工平面图是按一定比例和图例，按照场地条件和需要的内容进行设计的。单位工程施工平面图的内容包括：

(1) 建筑平面图上已建和拟建的地上和地下的一切建筑物、构筑物和管线的位置与尺寸；

(2) 测量放线标桩、地形等高线和取舍土地点；

(3) 移动式起重机的开行路线及垂直运输设施的位置；

(4) 材料、加工半成品、构件和机具的堆场；

(5) 生产、生活临时设施。如搅拌站、高压泵站、钢筋棚、木工棚、仓库、办公室、供水管、供电线路、消防设施、安全设施、道路以及其他需搭建或建造的设施；

(6) 必要的图例、比例尺、方向及风向标记。

2. 单位工程施工平面图的设计步骤

单位工程施工平面图的一般设计步骤是：

确定起重机的位置→确定搅拌站、仓库、材料和构件堆场、加工厂的位置→布置运输道路→布置行政管理、文化、生活、福利用临时设施→布置水电管线→计算技术经济指标。

3. 单位工程施工平面图的设计要点

（1）起重机械布置。井架、门架等固定式垂直运输设备的布置，要结合建筑物的平面形状、高度、材料、构件的重量，考虑机械的负荷能力和服务范围，做到便于运送，便于组织分层分段流水施工，便于楼层和地面的运输，运距要短。

塔式起重机的布置要结合建筑物的形状及四周的场地情况布置。起重高度、幅度及起重量要满足要求，使材料和构件可达建筑物的任何使用地点。路基按规定进行设计和建造。

履带吊和轮胎吊等自行式起重机的行使路线要考虑吊装顺序，构件重量，建筑物的平面形状、高度、堆放场位置以及吊装方法。

还要注意避免机械能力的浪费。

（2）搅拌站、加工厂、仓库、材料、构件堆场的布置。它们要尽量靠近使用地点或在起重机起重能力范围内，运输、装卸要方便。

搅拌站要与砂、石堆场及水泥库一起考虑，既要靠近，又要便于大宗材料的运输装卸。

木材棚、钢筋棚和水电加工棚可离建筑物稍远，并有相应的堆场。

仓库、堆场的布置，应进行计算，能适应各个施工阶段的需要。按照材料使用的先后，同一场地可以供多种材料或构件堆放。易燃、易爆品的仓库位置，须遵守防火、防爆安全距离的要求。

石灰、淋灰池要接近灰浆搅拌站布置。沥青的熬制地点要离开易燃品库，均应布置在下风向。在城市施工时，应使用沥青厂的沥青，不准在现场熬制。

构件重量大的，要在起重机臂下，构件重量小的，可远离起重机。

（3）运输道路的布置。应按材料和构件运输的需要，沿着仓库和堆放场进行布置，使之畅行无阻。宽度要符合规定，单行道不小于 3~3.5 m，双车道不小于 5.5~6 m。路基要经过设计，转弯半径要满足运输要求。要结合地形在道路两侧设排水沟。总的说来，现场应设环行路，在易燃品附近也要尽量设计成进出容易的道路。木材场两侧应有 6 m 宽通道，端头处应有12 m×12 m 回车场。消防车道不小于 3.5 m。

（4）行政管理、文化、生活、福利用临时设施的布置。应使用方便，不妨碍施工，符合防火、安全的要求。要努力节约，尽量利用已有的设施或正式工程，必须修建时要经过计算确定面积。

（5）供水设施的布置。临时供水首先要经过计算、设计，然后进行设置，其中包括水源选择，取水设施，贮水设施，用水量计算（生产用水，机械用水，生活用水，消防用水），配水布置，管径的计算等。

（6）临时供电设施。临时供电设计，包括用电量计算，电源选择，电力系统选择和配置。用电量包括电动机用电量、电焊机用电量，室内和室外照明容量。如果是扩建的单位工程，可计算出施工用电总数供建设单位解决，不另设变压器。独立的单位工程施工，要计算出现场施工用电和照明用电的数量，选用变压器和导线截面及类型。变压器应布置在现场边缘高压线接入处，离地应大于 30 cm，在 2 m 以外四周用高度大于 1.7 m 铁丝网围住以保安全，但不要布置在交通要道口处。

第四节　施工进度计划

一、进度计划的概念

进度计划是施工组织设计的基本内容之一。它是一种用表或图来表示各项工作的开、竣工时刻、工作持续时间及相互关系的手段。

施工进度计划要体现和贯彻施工组织设计的基本原则，在选定的施工方案的基础上，统筹安排各项施工活动，以最少的劳动力和技术物质资源，保证在规定的工期内，有计划地、保证质量地完成工程任务。进度计划的主要作用在于确定各分部、分项工程及工序的施工顺序，各施工过程的持续时间，它们之间的衔接、穿插、协作、配合关系。同时，它为编制季度、月度生产作业计划提供依据，也为平衡劳动力、调配和供应各种材料、配件及各种施工机械、工具等提供依据。"时间就是金钱"，施工进度计划是合理地控制、利用时间，节约时间的有效工具之一，是进行工程项目施工组织与管理的重要工作之一，它贯穿工程项目的始终。

二、编制进度计划常用的方法

1. 活动日期表法

这是一种最简单的表示进度计划的方法，它只列出所有的活动和日期，仅仅是提供一个时间表。其特点是醒目、简单、明了、适用于比较单纯的工程。

2. 线条图法

线条图是安排施工进度计划和组织流水作业常用的一种方法。每个施工过程（工序）的时间用线条来表示，所以叫线条图，也称横道图等。这种图首先是由甘特发明的，所以也叫甘特图。线条图表示施工进度简单、形象、易懂易用，尤其表达流水作业很是方便，各施工过程（工序）的开始结束时间和进度一目了然，对人力、物力的计算便于据图进行，同时工期长短可以从图上看出。所以线条图自本世纪初一出现，就受到各级管理人员和施工单位的欢迎，成为广泛使用的方法，直到现在仍不失为一种简单、灵活而实用的好办法。

随着科学技术的进展，施工规模的逐渐扩大，线条图越来越难以适应新的要求。首先，它不能全面、明确地反映各工序间的相互关系和影响，即使编制计划的人员已经考虑到了这些问题，但图上却不能反映出来，为计划的执行和修改带来麻烦，而负责各施工过程的单位，也往往职责不清，互相扯皮，互相埋怨，最后影响施工进度；其次，不能客观地突出施工过程的重点，不能从图中看出施工进度计划中的潜力所在；再次，它无法应用电子计算机进行计算，对于特别复杂的工程，使用线条图计划法编制进度计划进行协调控制是很困难的，尤其在进度计划执行过程中各种情况发生变化而必须对进度计划进行调整、优化时，就更加力不从心。所以，线条图计划法只适用于小型的工程，大型综合性工程已不再使用。在施工中，多用线条图法表示工程的形象进度。

　　3．关键线路法

　　它是网络计划法的一种，是 20 世纪 50 年代中期首先在美国发展出来的一种计划管理的方法。网络计划法正好克服了线条图计划法的缺点。用网络计划表示出来的是一种网状图形的计划，它明确表示了施工过程中所有各工序间的逻辑关系和彼此间的联系，突出了工程应抓住的关键工序，显示出了各工序的机动时间，从而使施工管理人员胸有全局，也知道应从哪些工序去缩短工期，怎样更好地使用人力、物力、财力，使施工管理经常处于主动地位，好快省安全地完成工程项目。我国从 1965 年由华罗庚教授介绍指导起，目前已逐步推广和应用，实践证明，凡应用网络计划法的项目和企业，都取得了加快施工进度、降低工程成本的效果。目前，大型工程项目的管理已全部采用网络计划法编制进度计划，也是我国推行的现代化管理方法之一。

　　4．带资源的关键线路图法

　　这种方法与上述方法基本相同，只是把要完成的各项活动所需资源加以注明。也就是说要标出每个活动所需要的时间、人力、机械、材料等。这样的计划，能知道每个活动干些什么工作，多少天能完成，以及完成这种工作所需要的各种资源，可根据这些数据进行资源平衡。

5．计划评审技术

是目前制定进度计划最复杂的一种方法，一般工程项目上不使用这种方法，因为相当复杂，还需要做一些特殊的工作。该方法主要适用于新的、很复杂的项目，比如大型科研项目，某些活动谁也不知道到底需要多长时间，如果采用关键线路法，则只能凭猜测，这样编制的进度计划就毫无意义了。用计划评审法则不同，它对每个活动的时间加上实现概率的因素，例如，某一活动估计需要 100 天，需要 90 天完成的概率为 0，即不可能 90 天完成，需要 200 天完成的概率相当高，为 100 %，即 200 天内肯定能完成。这时由统计学家画出一条曲线来，再用数学估算法判断出原来估计的 100 天完成的概率有多大，譬如为 90 %，对每一个活动都加上一个由统计专家提出的概率，把这些数据都输入计算机就可以算出理论上的完成工期。计划评审方法所需要的时间和费用都很高，而且要求使用者具有相当高的理论水平和很好的管理工作基础，因此这种方法在工程项目上还没有得到应用。

以上五种方法所需要的时间、费用不同，其关系见图 3－4。

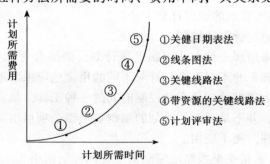

图 3－4　各种计划方法所需时间、费用图示

这里关键日期表编制时间最短，费用最低。线条图时间长一些，费用大一些。关键线路法把每个活动都加以分析，划分出工序，找出工序间的先后顺序，而且要由专门的工程师来做，根据逻辑关系，利用计算机求出总工期和关键线路，因而花的时间长些，费用也大些，带资源的关键线路图是在关键线路图的基础上进行的，因而时间和费用也要增加。计划评审法最复杂，花的时间和成本也最多。

应该采用那一种进度计划法，主要考虑以下因素：

1．项目规模大小。小项目采用简单的进度计划法，大项目采用较复杂的。

2．项目的复杂程度。大项目不一定复杂，若小项目有很复杂的步骤，需要很多的工料机，涉及到许多头绪，就只有用较复杂的计划法才能将各方面的约束表达清楚。

3．对项目细节的掌握程度。如果对项目的细节不怎么了解，关键线路法和计划评审法就不能用。

4．有没有合格的计划员。如果没有一个受过训练的合格的技术人员，就不能用复杂的方法编制进度计划。

5．有无计算机。没有计算机，关键线路法和计划评审法就不能用。

6．甲方要求的进度计划方法。

三、进度计划的编制

到底采用那一种方法编制进度计划，要综合考虑各种因素。而且，在施工的不同阶段，针对不同的用途也应采取不同的计划方法。因为进度计划是有效控制时间的一种工具，是实现最后目标的手段，并不是目的，计划的编制要从整个项目出发，有利于项目的实现，便于应用。

（一）采用关键线路法编制施工总体控制网络

1．网络图的一般画法

网络计划中，由于对箭线和节点的不同使用而形成不同的方法。主要有箭线式网络图和节点式网络图，或称双代号网络图和单代号网络图。

双代号（箭线式）网络图用箭线表示工序，带编号的节点表示事项，即工序的开始和结束。如图 3-5 所示。

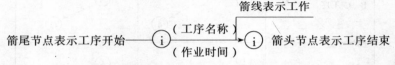

图 3-5 双代号（箭线式）网络图表示方法

单代号（节点式）网络图以节点表示工序，箭线表示工序间的联系。如图 3-6 所示。

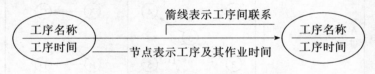

图 3-6 单代号（节点式）网络图表示方法

为了正确地表达一个工程所包含的工序及其相互关系，在用关键线路制定进度计划时，必须遵循一定的规则。

两种形式的网络图绘制规则基本相同，主要应注意以下几点：

（1）要正确表达各工序间的逻辑关系。

各工序间常见的关系及其表达方法见表 3-1。

（2）一个完整的网络图只能有一个开始节点，和一个结束节点，开始节点表示工程的开始，结束节点表示工程的结束。

（3）网络图中不许出现闭合环路。所谓闭合环路是指从某一节点出发顺着箭头方向，最后又回到原来出发的节点，如图 3-7，图 3-8。

常见工序间关系及其表达方法　　　　表 3 - 1

序号	工序间的逻辑关系	双代号（箭线式）网络图	单代号（节点式）网络图
1	A 工序完成后，进行 B、C 工序	①—A→② —B→③ ，② —C→④	A→B，A→C
2	A、B 完成后进行 C	①—A→③，②—B→③ —C→④	A→C，B→C
3	A、B 完成后，同时进行 C、D	①—A→③，②—B→③ —C→④，③—D→⑤	A→C，A→D，B→C，B→D
4	A 完成后进行 C，A、B 完成后进行 D（X 成为虚工序，仅用来表示逻辑关系，不占用时间和资源）	①—A→③—C→⑤，②—B→④—D→⑥，③┈X┈→④	A→C，A→D，B→D
5	A 完成后进行 B，B、C 完成后进行 D	①—A→②—B→④—D→⑤，③—C→④	A→B→D，C→D

· 72 ·

序号	工序间的逻辑关系	双代号（箭线式）网络图	单代号（节点式）网络图
6	A、B 完成后进行 D， A、B、C、完成后进行 E， D、E 完成后进行 F		
7	A、B 完成后进行 D， B、C 完成后进行 E		
8	A、B、C 完成后进行 D， B、C 完成后进行 E		
9	A、B 工作分为三个施工段，分段进行流水施工。A1、A2、A3 依次进行，A2、B1 完成后进行 B2，A3、B2 完成后进行 B3，A1 完成后即可进行 B1		

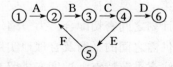

图 3－7　双代号网络图

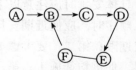

图 3－8　单代号网络图

（4）节点要编号。并且对于双代号网络图要使箭头节点编号大于箭尾节点编号。

（5）箭线宜指向前进方向，不宜有逆向箭头。

（6）对于双代号网络图，任何两个节点间只能有一条箭线，用以表示一个工序。必要时必须引进虚工序（即不消耗时间和资源的工序）用以完成逻辑关系。如图 3－9，图 3－10 所示。

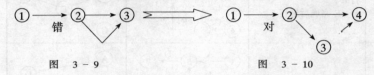

图　3－9　　　　　　　　　　图　3－10

双代号网络图和单代号网络图没有本质区别，只不过是表示方法不同而已。双代号网络图比较形象、直观，理论学习比较方便，可以和线条图结合起来，如绘制时标网络计划。单代号网络图比较清晰、简洁，没有虚工序，用于表示搭接网络计划、方便、实用。在实际情况中可根据具体情况采用任何一种形式。

2．编制施工总进度计划的步骤

总进度计划在施工中起主导作用。其主要任务是安排各工序的施工顺序和施工时间。

总进度计划的编制步骤如下：

（1）确定各工程的施工顺序和工期

确定各项工程的施工顺序是编制总进度计划的主要工作之一，它对于整个工程能否按期、优质地完成，充分利用人力、物力，减少不必要的消耗，降低工程成本，却有着极其重要的作用。具体安排时应注意以下几点：第一，要重视经济效益。安排施工顺序时，应使近期安排和长远计划之间密切配合，力争缩短建议期限；第二，要考虑施工材料供需之间的平衡及合理地实用材料，促进均衡施工；第三，必须注意季节特点，进度安排留有余地；第四，要考虑与兄弟单位间的配合问题。

施工顺序衔接关系确定以后，根据国家或甲方对工期的要求，参考有关定额和本单位的施工水平，就可以初步确定工期。

（2）根据上述安排，将各项工程合理的搭接起来，编制出初步的进度网络计划。这个计划很可能不符合实际情况和工期要求，还需要对它进一步加工，使之符合当时的实际。

（3）计算网络计划时间确定关键线路

对初始方案进行时间参数的计算，目的在于确定计划工期并为工期调整和资源调整作准备。因此，要计算出各工序的最早、最迟开始时间及各种时差，并标明关键工序和关键线路。

（4）工期的审查和调整

时间参数计算完后首先要审核计划总工期，看它是否符合甲方的要求。若计划工期不超过规定的工期，那么该计划在工期这一点上就是可行的。若超过了工期，就要调整计划工期，将其压缩到规定的工期范围之内。

（5）资源的审查和调整

工期满足要求以后，还需要进一步核算资源的需要量。审查资源的需要量与供应的可能性，看二者能否协调，如果供应能够满足施工高峰对资源的需求，则这个计划就认为是可行的。如果在一段时间内供应不能满足资源消耗高峰的需要，那就要对这段时间内施工的工程加以调整，使它们错开时间，减少集中的资源消耗，把它们降到可能供应的水平以下。另一方面，应加强物资、机械的协调平衡，使之与需求相适应。

（6）编制可行的网络计划并计算技术经济指标

经过工期和资源的初步调整后，进度计划已能适应现有的施工条件与要求，因而计划已是切实可行的，就可以绘成较正规的网络图。在此基础上计算该计划的技术经济指标，如：与定额工期的比较，综合日历进度指标，节约率，机械台班利用率等。通过这些指标，可以与过去的或先进的计划进行比较，还可以逐步积累经验，对提高管理水平和企业素质都是有益的。

（7）进度计划的优化

可行的进度计划不可能是完美的最优的计划，还应逐步加以改进和优化，使之更加合理、完善，以便取得更好的经济效果。一般是在主管技术人员提出可行的方案，制定出可行的进度计划后，召集有关部门开会，介绍方案的意图和情况，对各方面的存在的问题、要求，围绕着已有的方案进行讨论和协商，提出改进意见，从而使进度计划更趋合理，并具备实施的基础。

（8）由于施工涉及面广，约束条件多，所以在制定总进度网络计划时，要特别注意留有余地。第一，要充分考虑主要机械设备的技术性能及完好状况。第二，在计算和确定工程时间时要适当留有余地，即要考虑机械和工人的实际工作效率和可能发生的不利情况，不可抠得过紧，以免打乱整个计划。第三、要充分考虑不良气候的影响。第四，要充分考虑主要工序的转换时间与准备时间。第五，不可使网络图中存在的关键线路过多，以便在施工中发生问题时，可以利用工序的时差进行调节，以保证计划的实现。在一个网络计划中，关键工序愈多则灵活机动的余地愈小，按期完工的概率也愈小。所以，控制计划中关键工序的数量是一个十分重要的问题。据经验，若计划中的关键工序数超过了计划中总工序数的 10% ~20%，要完成计划是不可想象的。一般认为：当工序数为 10 个以内时，关键工序不宜超过 3~4 个，占 30% ~40%；100 个以内不宜超过 12~15 个，占 12% ~15%；1000 个以内不宜超过 70~80 个，占 7% ~8%；5000 个工序以内时，关键工序不宜超过 3% ~4%，即 150~200 个。工序总数越多，则其中的关键工序的比例越小。在实际应用时，应结合具体情况，控制好关键工序的数量。

总进度计划编制完成以后，并不是一劳永逸的。能用到工程项目结束而不修改，是不现实的。必须通过计算机随时进行调整，新情况输入计算机，就会计算出新的日程，只有包含全部最新情况的进度计划才是有用的。

（二）编制施工作业网络图

总体进度计划网络图属一级进度计划，是控制性的。而细部作业程序网络图则是操作性的，其目的是确定某个施工过程包含那些工序及各工序间的相互关系。从而保证协调作业，缩短作业时间，使整个作业有条不紊地进行。按照已知的顺序把各项工作内容连接起来布置在一张图纸上，并标明各工序的名称及作业时间，就形成一张反映实际作业程序的网络图。

（三）用线条图法编制施工形象进度图

形象进度计划图，是指在规定的总工期内，用线条图显示总的施工进度及各重点单位工程、分部、分项工程施工顺序及进度的形象、直观、粗略的计划图。一般包括：工程平面图示、重点单位工程的位置，施工力量的划分，工程进度图示，劳动力动态示意等内容。形象进度计划也属于控制性的，使用过程中可将网络计划与形象进度计划结合起来使用。实施时，可将已完工程工程用不同颜色彩笔描出，控制进度形象直观，很适应现场实际，颇受欢迎。

第四章　施工现场技术管理

第一节　技术管理概述

任何物质生产都是建立在一定的技术基础之上的，都须在一定技术要求或技术标准的控制下进行。随着科学技术的不断发展，新的科学技术成果在生产中得到了广泛的应用。由于建筑施工愈来愈复杂，新的施工技术对生产的影响也愈来愈大，有的甚至不采用新技术就无法施工，因此技术工作在生产中的地位就显得更加重要。

技术管理是对生产过程中的各种技术工作进行科学组织和管理的总称。它的目的是按照科学技术工作的规律性，建立科学的工作程序，有计划地合理利用企业的技术力量和资源，把最新的科学施工技术成果尽快地转化为现实生产力，以推动科学技术工作的发展，使建筑施工进行得更好。

通过技术管理，能保证施工过程符合技术规律的要求，按照正常的程序进行施工，使施工建立在先进的技术基础之上，保证工程质量不断提高，充分发挥材料性能和设备潜力，完善劳动组织，从而提高劳动生产率，降低工程成本，提高企业的经济效益。通过技术管理，还能不断地更新和开发施工新技术，促使施工技术现代化。

技术管理的主要任务是：正确贯彻党和国家的各项技术政策和上级有关法令，科学地组织各项技术工作，建立正常的施工生产秩序，充分发挥技术人员和现有物质技术条件的作用，贯彻工法制度，不断地革新现有技术和推广新技术，保证施工质量，降低工程成本，提高项目和企业的经济效益。

一、技术管理的原则

进行技术管理工作，必须按科学技术规律办事，一切要经过科学试验。要尊重科学技术原理，尊重科学技术发展规律，要用科学的态度和科学的工作方法进行管理，坚持一切经过实验，用数据说话，不能凭经验、想当然，完全靠主观意志管理。

进行技术管理工作，要认真贯彻国家的技术经济政策。国家的技术经济政策规定了一定时期内的建筑技术标准和科学技术发展方向。例如：控制楼堂馆所的建设规模；按基本建设程序和施工程序进行建设的原则；有计划地引进先进技术与自力更生进行革新改造相结合的方针等，都要结合企业的实际，认真贯彻执行。

进行技术管理工作，要坚持技术与经济统一，讲究技术工作的经济效益和社会效益的结合。技术管理的各项业务活动，都要把技术与经济有机地结合起来，进行各方面的核算、各方案的对比，全面地进行技术经济分析，既要做到技术上先进可行，又要做到经济上合理可取。在进行经济效果分析时，既要着眼于提高本企业的经济效益，又应顾及用户和国家的整体经济效益；既要考虑眼前利益，又要服从长远方针目标。

进行技术管理工作，还应依法办事。国家颁布的技术政策、法规、法律是国家为了加快改革步伐、迅速提高生产力。宏观控制企业的手段；技术标准、规范、规程是提高工程质量的关键；企业制订的管理制度是保证技术工作秩序的有力措施。所有这些章法，都是技术管理的依据，必须认真执行。

二、施工现场技术管理的内容

施工现场技术管理工作主要有如下内容：

1．技术复核与技术交底；

2. 设计变更;

3. 施工调度与施工日志;

4. 企业定额工作;

5. 企业工法工作;

6. 质量检验与验收交接;

7. 施工技术责任制;

8. 施工总结;

9. 技术档案。

第二节　设计变更与技术交底

一、设计变更

设计、施工图纸虽然经过会审,重大问题一般来说已经解决,但仍可能甚至必然会有疏忽或出现某些新的情况,发现图纸仍有差错,或者施工条件发生变化,材料的规格、品种、质量不完全符合原设计的要求。因此,在施工过程中变更原来设计的情况是不可避免的。变更或改善设计,对于提高设计和工程质量、节约投资和缩短建设期限,都有重大作用。施工单位的各级技术人员,在施工过程中都要注意有无变更设计、改善设计的可能性,积极提出改善设计的意见。

(一) 设计变更的原因

设计变更产生的原因主要有:

1. 图纸会审后,设计单位根据图纸会审会议纪要与施工单位提出图纸上的错误、要求,以书面形式将设计变更通知通过建设单位提交给施工单位。

2. 在施工中发现图纸错误,通过工作联系单,由建设单位转交给设计单位,再由设计单位提出设计变更通知。

3. 建设单位在施工前或施工中对设计图纸提出新的要求,包括提高建筑标准、增加建筑面积、改变房间使用功能等,设计单位根据国家有关政策，在施工单位所能接受的条件下，提出设计变更通知。

4．因施工本身原因，如施工设备问题、施工工艺、工程质量问题等，需设计单位协助解决时，设计单位在结构与建筑等安全与技术允许条件下，提出设计变更通知。

所有设计变更均需由设计单位或设计代表签字（或盖章），通过建设单位提交施工单位（或工程项目）技术管理负责人，一般施工单位直接接受设计变更是不合适的。

（二）设计变更的实施

设计变更应按以下方法处理：

1．在施工日志上填写有关设计变更的主要内容。

2．在设计图纸与设计文件收文本上及时登记，复印后存入技术档案，复印件及时提交给施工队或工区技术负责人。

3．在施工图纸上，根据设计变更逐条修改，在修改的地方加盖变更图章，并注明设计变更号，若变更较大时，需附变更图纸，或请设计单位另出图。

4．设计变更若与以前的洽商记录有关，要进行对照，看是否存在矛盾或不符合之处。

5．若设计变更对施工有直接影响，如施工方案、施工工期、施工进度、施工设备、施工材料，或提高建筑标准，增加建筑面积等，均涉及到工程造价与施工预算，应及时与建设单位联系，商讨解决办法。

6．若与分包施工单位有关，应及时提交给分包施工单位。

7．若设计变更与原设计差距甚大，直接影响施工工艺和施工工期，超过施工合同的范围，施工单位应及时与建设单位和设计单位联系与洽商。

二、技术交底

技术交底是施工企业极为重要的一项技术管理，其目的是使参与施工的技术人员与工人熟悉和了解所担负工程的特点、设计意图、技术要求、施工工艺和应注意的问题。根据建筑施工复杂性、连续性、多变性的特点，各级建筑施工企业应建立技术交底责任制，并加强施工质量检查、监督和管理，从而提高施工质量。

技术交底的内容包括设计意图、施工图要求、构造特点、施工工艺、技术安全措施、规范和规程要求、质量标准和材料要求等。对于重点工程、工程重要部位、特殊工程和推广与应用新技术、新工艺、新材料、新结构的工程，在技术交底时更需要作全面、明确、具体、详细的技术交底。由于技术交底的程序包括若干个步骤，在不同步骤，其交底的内容与深度也有不同。

技术交底是一项技术性很强的工作，不但要领会设计意图，还要贯彻和执行上一级技术领导的意图和要求，技术交底必须执行和满足施工规范、规程、工艺标准、质量评定标准和建设单位的合理要求。技术交底同时也是工程施工中重要的技术资料，所有技术交底均须列入工程技术档案。

在技术交底之前，应先熟悉施工图纸与设计文件、规范、规程、工艺标准、质量标准等。整个工程施工，各分部分项工程均须作技术交底，不能忽略一些自认为不太重要的分部分项工程，对于一些特殊和隐蔽工程，更应认真作技术交底。对于易发生工程质量事故与工伤事故的工种与工程部位，在技术交底时，应着重强调，防止各种事故发生。

技术交底都必须是以书面形式进行，并事先经过检查与审核。技术交底还应留有底稿，字迹清楚，有签发人、审核人、接受人的签字。

技术交底根据其进行的层次不同可分为三类。

（一）设计交底

设计单位根据国家的基本建设方针、政策和设计规范进行设计，经城市建设管理部门审查后，由设计人员向施工单位进行设计意图、图纸要求、技术性能、施工要求以及关键部位的特殊要求等交底。

1. 设计文件依据，包括上级对该工程建设批准的文件、市政建设与环保部门的有关文件与规定、建设单位的具体要求（包括合同）。

2. 工程所处位置、地形、地貌、气象、水文工程地质、地震烈度等概况。

3. 施工图设计依据，包括初步设计文件、市政部门对该工程的要求，如建筑造型、高度、建筑红线、上下水、暖气沟、输电线路、绿化等，主要设计规范，甲方及市场上供应建筑材料情况。

4. 设计意图包括设计思想介绍和设计方案比较情况，建筑设计思想，市政部门的要求如平面布置、立面处理、绿化、体现城市某一方面特点等，结构特点、新结构与新工艺采用、地基条件、结构受力方式等。

5. 施工时应注意事项，包括建筑材料方面特殊要求，建筑装饰施工要求，主体结构设计采用新结构、新工艺对施工提出的要求等。

施工单位通过熟悉图纸与设计交底，对施工中具体问题进行分析，考虑本企业的施工力量、技术水平、施工设备等对设计单位提出各种要求与建议，包括修改部分图纸等。

（二）施工单位总工程师或主任工程师对施工队或工区施工负责人进行施工方案实施技术交底

1. 工程概况一般性介绍，如工程在市区位置、占地面积、建筑面积、建筑体积、建筑物层数与高度、建筑物等级、与邻近建筑物的关系等，地形、地貌、工程水文地质、气象、地震，建设单位的要求如进场日期、开工日期、工程质量、工期等，城市市场部分与绿化要求，建设单位所能提供三材的情况，大型工程设置位置，当地普通建材，如水泥、砂石、砖等供应情况，劳动力来源，交通运输与电力供应等。

2．工程特点及设计意图，包括建筑群平面布置及相互关系，建筑设计思想与特点如建筑物平面布置、立面处理、装饰要求及其他特殊要求，结构设计特点如地基处理、结构形式及受力特点、填充墙种类及做法等，水、暖、电、通风等对施工安装的要求。

3．施工方案着重介绍施工方案的比较情况，最后确定施工方案的依据，该施工方案的优缺点，主要技术经济指标，施工顺序和流水施工组织，主要分部分项工程施工方法及主要施工工艺标准要求，劳动力与大型施工机械配备情况，各分包单位协作与关系情况，各工种交叉作业具体问题，在施工中质量标准要求，安全施工技术措施等。

4．施工准备要求。

5．施工注意事项，包括地基处理、主体施工、装饰工程、工期、质量、安全等。

(三) 施工队或工区负责人对工长、班组长进行技术交底

技术交底可分批分期或按工程分部、分项进行。在单位工程施工组织设计编制完成后，为保证施工方案实施提出进行技术交底，技术交底必须要早，应在单位工程开工前按施工顺序、分部分项工程要求，不同工种特点分别作出书面技术交底，一式几份，由技术主管工程师审核后，分批分期根据施工进度及时下达。其内容包括：

1．设计图纸具体要求，包括建筑、结构、水、暖、电、通风等专业具体细节及相互关系。

2．施工方案实施具体技术措施、施工方法。

3．土建与其他专业交叉作业时施工协作关系及注意事项。

4. 各工种之间协作与工序交接质量检查。

5. 施工组织设计对各分项工程工期要求。

6. 设计要求及规范、规程、工艺标准，施工质量标准与检查方法。

7. 隐蔽工程记录、验收时间与标准。

8. 成品保护项目、种类、办法与制度。

9. 施工安全技术措施。

技术交底是一项重要的技术管理，书面交底仅仅是一种形式，技术管理的大量工作是检查、督促，在施工过程中，反复检查技术交底的落实情况，加强施工监督，对中间验收要严格，从而保证施工质量。

第三节 施工调度与施工日志

一、施工调度的作用

建筑生产过程是一个十分复杂的过程，这是由建筑生产的特点所决定的。由于建筑产品体积庞大、不可移动，因此，在生产过程中，大量的不同专业、不同工程的工人，以及各种材料、构件、施工机械都围绕着这庞大的产品进行工作。此外，建筑产品基本上是露天生产的，受气候影响很大。由于这些因素的互相影响，使建筑生产不可能一成不变地按计划进行。为了适应客观形势的变化，保证施工的顺利进行，就必须及时掌握情况，及时进行调度和调整，否则就不可能完成计划。所以从某种意义上说，没有调度调整，就没有生产进度计划。调度工作是贯穿于施工全过程的。施工调度是实现正确施工指挥的重要手段，是组织施工中各环节、各专业、各工程协调动作的中心。它的主要任务是：监督、检查计划和工程合同的执行情况，协调总、分包及各协作单位之间的关系，及时全面地掌握施工进度，采取有效措施，处理施工中出现的各种矛盾，克服薄弱环节，促进人力、物资的综合平衡，保证施工任务又快又好地完成。

工程项目调度的设置是与项目组织机构的设置紧密联系在一起的。目前国家对项目经理部的规模、结构等尚无具体规定，而是由企业根据工程项目的规模、复杂程度和专业特点进行设置。项目经理部的部门设置和人员配备的指导思想是把项目建成企业市场竞争的核心、企业管理的重心、成本核算的中心、代表企业履行合同的主体和工程管理实体。

施工调度部门既是一个具体的业务部门，又高于其他部门。施工调度受项目经理的直接领导。其作用主要是检查、督促项目计划及项目合同执行情况，在动态中调度好物资、设备和劳力，解决施工现场发生的矛盾，还要协调内部和外部的配合关系，保证项目计划目标的实现。

工程项目调度设置的关键是调度通讯系统的设置。设置的主要依据有：企业的构成及其与项目经理部的关系，项目的建安工程量，工地范围的大小，工程建筑的平面结构特征，工程项目的施工顺序，施工总平面布置图，现有的或可能的通讯、信号设备的技术特征等。在编制工程项目的实施性施工组织设计时，要编制调度和通讯的有关内容。

二、施工调度的运作

（一）项目施工调度应遵循的原则

1. 调度工作必须建立在计划管理的基础上，没有计划也就无所谓调度。在制订计划时，虽已考虑了施工的平衡，但在执行过程中，由于各种原因，会使计划失去平衡。这时，应立即请示上级，修改和调整原计划及施工组织设计文件，使施工过程在"平衡——不平衡——平衡"的情况下进行。

2. 调度工作必须有权威性。调度的决定必须贯彻落实，在不同意调度的意见，提出申辩但未得到同意前，必须执行调度的决定，但是调度的决定并不等于行政命令，因此，它只是在一定的范围内发挥集中统一的权威作用。

3．准确果断。调度是建立在了解情况，掌握矛盾的基础上作出的决定，所以其掌握情况，分析原因和提出的处理措施都必须准确。同时，因为施工现场是一个动态的现场，经常处于变化的状态下，因此，一旦看准了问题，就应果断地作出决定。

4．及时性。所谓及时性，是指不仅要及时发现施工现场存在的问题的矛盾，而且要及时执行调度决定，采取措施，解决问题。调度如不及时，也就失去了调度的意义。

5．预见性。根据本施工单位的技术水平和人员素质，按照组织施工的规律性，对在施工过程中可能发生的问题作出预见性的估计，并采取适当的防范措施和对策，这样就可以加强调度工作的准确性和及时性。

6．抓住重点。在整个施工过程中，由于施工的复杂性和可能出现的问题是多方面的，因此，要分清施工过程中的关键问题，抓住重点，抓住主要矛盾，遵守"一般服从重点"的原则。也就是说，当人力、物力有限时，即使牺牲次要的问题，也要保证重点问题的解决。

7．调度工作只是调度生产，它主要是解决生产过程中出现的各种问题。它的职责范围，只能根据施工计划和施工组织设计的要求来调度人力和物力，调整组织和管理工作，而决不能干预和替代其他职能部门的工作。

(二) 项目施工调度的主要工作内容

1．协助有关人员做好统计工作

统计是认识和掌握情况的工具，也是管理的基础。企业的统计部门是一个专门的职能机构。项目经理部有统计员。统计工作的原则是准确、及时。它为企业各级领导掌握、了解各方面的情况提供准确可靠的数字资料及分析资料。统计有一系列指标及其统计计算方法，作为统计工作遵循的依据。统计工作包括施工班组和基层各项工作的原始记录、台账，它是统计工作的基础。准确的、一系列统计指标体系所组成的统计资料，是企业领导经营决策、指导工作、制定计划的基础。统计工作是任何单位、部门不可缺少的一项重要工作。

建筑产品由于生产周期长、技术复杂，所以内容多、计算量大。从施工准备到工程交工验收，都有统计工作的内容。

建筑统计的主要内容有：产品统计、质量与安全统计、劳动工资统计、材料物资统计和财务成本统计。

其中，产品统计是工程项目调度的重要职责，在项目调度办公室显著位置应设置大型形象进度图，对于计划进度与实际执行情况用不同符号或颜色加以标识。对重点单位工程和分部、分项工程等应做出详细标识。调度人员必须随时掌握施工现场确切的进度情况并及时标注在图上，为检查进度情况及分析原因提供基础资料。

2. 协助项目经理做好平衡调度工作

建筑产品生产的技术经济特点决定了施工中的可变因素多，计划编制得再周详，也还有许多难以预料的事情。计划在拟定编制中虽然经过平衡，做到"积极可靠，留有余地"的安排，但是平衡是相对的，变化因素不断出现，不平衡是经常的。因此，在施工过程中不断做好平衡调度工作十分重要。项目经理部要经常做好平衡调度工作，当任务与劳动力、材料、机具不平衡时，就提出报告，请示上级平衡调度力量。平衡调度的主要任务是：

（1）检查计划和工程合同的执行情况，掌握和控制施工进度，及时进行人力、物力平衡，调配人力，督促材料、设备物资的供应，保证施工的顺利进行。

（2）及时解决施工现场上发现的矛盾，协调各施工协作单位和各部门之间的协作配合。

（3）监督工程质量和安全施工；检查后续工序的施工准备情

况。

(4) 要定期组织平衡调度会（大型项目可在现场组织），落实平衡调度会的各项规定。

(5) 及时预报天气变化及可能发生的灾情，做好预防工作。

为此，在平衡调度中了解的情况依据要正确，要有全局观点，掌握全局情况。发出调度令应具有权威性。因此，要依据准确、分析原因准确、处理的措施准确；要情况掌握及时、调度处理及时；对工程施工中可能出现的问题，要提出防范措施和对策；调度工作应统一指挥，采用现代化的手段。

3．建立施工调度台账

关于企业生产调度台账的种类已在第二章讨论过，此不赘述。项目施工调度台账是具体工程项目施工过程中所发生有关事项的原始记录。它对于工程质量的评定、验工计价、施工索赔以及实现施工生产的可追溯性等都有重大作用。工程项目施工调度台账主要应包括如下内容：

(1) 工程项目完成的工程量及形象进度记录；

(2) 开、竣工报告记录；

(3) 调度命令、通知、报告登记；

(4) 职工伤亡事故记录；

(5) 工程质量事故记录；

(6) 防洪抢险情况记录；

(7) 卡车、汽车运输情况记录；

(8) 成品、半成品生产记录；

(9) 主要物资供应及砂石料储备情况；

(10) 劳力分布、劳动生产率、工时利用率情况；

(11) 生产大事记；

(12) 水文、气象情况；

(13) 其他。

4．及时做好有关调表工作

项目施工调度应按企业生产调度的统一要求，认真做好有关调表工作。

三、施工调度与索赔

索赔是在项目合同的履行过程中，合同一方因不履行或没有全面适当地履行合同所设定义务而遭受损失时，向对方提出的赔偿或补偿要求。在项目实施的各个阶段都有可能发生索赔，但发生索赔最集中，处理的难度最复杂的情况多发生在施工阶段。这里所说的索赔主要是指项目施工的索赔。广义上讲索赔应当是双向的，这时主要是指承包商向业主的索赔。

索赔是法律和合同赋予的正当权利，同时，它也是一柄双刃剑。在施工过程中，合同双方都面临索赔与反索赔的问题，既要索赔与反索赔就必须及时性地提出有关的证据材料，也就要求双方加强合同管理，加强施工现场管理，加强安全质量管理和技术基础工作管理，这无疑对于合同双方，尤其是对于作为承包商的施工单位具有十分重要的意义。这在当前我国建筑市场竞争激烈，施工单位素质亟待提高的形势下，积极开展索赔与反索赔工作具有重要现实意义。在施工索赔过程，施工调度人员具有十分重要的作用。

（一）索赔的内容

项目施工索赔的内容包括费用和工期两类。

1．费用索赔

费用索赔是指承包商向业主（监理工程师）提出补偿自己的额外费用支出或赔偿损失的要求。

承包商在进行费用索赔时，应遵循以下两个原则：

（1）所发生的费用应该是承包商履行合同所必需的，如果没有该费用支出，合同无法履行。

（2）给予补偿后，承包商应处于假设不发生索赔事件同样的地位，即承包商不应由于索赔事件的发生而额外受益或额外受损。

承包商可以就哪些费用提出索赔要求，取决于法律和合同的规定。承包商和业主（监理工程师）应事先将这些列一个清单。

2. 工期索赔

工期索赔是指承包商在索赔事件发生后向业主（监理工程师）提出延长工期、推迟竣工日期的要求。

工期索赔的目的是避免承担不能按原计划施工、完工而需承担的责任。对于不应由承包商承担责任的工期延误，后果应由业主承担，业主（监理工程师）应给予展延工期。

（二）索赔的证据及施工调度的作用

索赔证据是承包商向业主提出索赔要求时所引用的真实的文件或资料。

索赔证据必须是项目施工过程中确实存在和发生的实际情况，能经得住对方的推敲。

索赔的证据还应当能够相关说明，具有关联性，应当合理引用合同规定，建立事实与损失间的因果关系，说明索赔的合理性。

索赔证据的取得和提出必须及时。索赔事件发生后 20 天内，承包商应向业主发出索赔通知。索赔通知应是由项目主管经理、工程调度、合同管理人员及有关职能部门联合起草的，其中调度人员起着重要作用。因为只有调度人员掌握有关的施工信息最全面、最及时。

索赔证据还必须可靠，一般应是书面形式，有关的记录、协议应有当事人的签字认可。

综上所述，无论是对于索赔证据的要求，还是索赔报告的提出，作为项目施工管理信息与指挥中心的工程调度在其中都起着至关重要的作用。项目经理部应当树立起索赔意识，重视索赔、善于索赔。就目前我国施工企业和项目经理部的实际及索赔工作的特点来说，应当把索赔工作交给调度部门去完成。实际运作时可以增加调度人员的配置，在调度室配备专职索赔调度员。其职责是结合日常调度工作，重点做好有关索赔与反索赔的工作。这无论对于在具体工程项目中保护自身的合法利益，还是从长期发展来看，努力加强基础管理工作，提高企业素质和竞争力，最终提高效益都具有十分重要的意义。

四、施工日志

施工日志是施工现场技术管理的内容之一，是工程施工的备忘录，记录了工程施工的全过程。在交接班时，接班负责人通过查阅施工日志可以清楚地了解前一班工程的施工情况。施工队或工区负责人外出归来，通过查阅施工日志，可以比较系统地了解施工实况。上级管理部门来检查施工情况时，也可以通过施工日志较全面地了解施工队或工区的施工情况，如施工进度、质量、安全，工作安排、现场管理水平等。当施工单位与建设单位在某些问题上发生纠纷时，需要运用法律手段予以解决，这时施工日志可以为施工企业提供原始资料与线索。因此，施工现场的施工日志记录是否完整、全面，反映了该施工企业现场施工技术管理的水平。施工调度人员应积极配合现场技术主管人员做好施工日志。

施工日志主要包括以下一些内容：

1. 当天施工工程的部位名称、日期、气象，施工现场负责人和各工程负责人的姓名，施工队或工区主要负责人出差、探亲、病事假的情况以及现场人员变动、调度情况。

2. 工程现场施工当天的进度是否满足施工组织设计与计划调度部门的要求，若不满足应记录原因，如停工待料、停电、停水、各种工程质量事故、安全事故、设计原因等，当时处理办法，以及建设单位、设计代表与上级管理部门的意见。

3．建筑材料进场情况，包括建筑材料的名称、规格、数量等，还包括化验单、验收单、出厂合格证、进场检查验收人员姓名、对进场材料的验收意见。

水泥：标号、厂名、品种规格、数量、出厂日期、厂方提供化验单、进场检查情况（如水泥是否过期，是否有结块现象等）。

钢材：品种、规格、数量、厂名、出厂日期、厂方试验单、目测钢材情况（如每捆钢筋是否均有标牌，是否生锈，生锈程度等）。钢材进场时应按炉罐（批）号及直径规格分批验收。

其他一些建筑材料，如砂石、砖、白灰、木材、半成品、成品、预制混凝土构件等均需在施工日志中进行详细记录。

4．记录施工现场具体情况：

（1）各工程负责人姓名及其实际施工人数。

（2）各工种施工任务分配情况，前一天施工完成情况，交接班情况。

（3）当天施工质量情况，是否发生过工程质量事故，若发生工程质量事故，应记录工程名称、施工部位、工程质量事故概况、与设计图纸要求的差距、发生质量事故的主要原因、应负主要责任人员的姓名与职务、当时处理情况、设计代表与建设单位代表是否在现场、在场时他们的意见如何及处理办法。

（4）详细记录当天施工安全情况，若发生安全事故，应记录出事地点、时间、工程部位、安全设施情况、伤亡人员的姓名与职务、伤亡原因及具体情况、当时现场处理办法、对现场施工的影响、上级有关部门的意见等。

（5）收到各种施工技术性文件名称、编号、发文单位、主要内容、收文时间等。

（6）施工现场召开的各种技术性会议与碰头会，记录会议的名称、人员姓名及数量以及会议作出的决定，现场技术交底与各种技术性交流讨论会议的内容应作较详细记录。

（7）参与隐蔽工程检查验收的人员、数量，隐蔽工程检查验收的始、终时间，检查验收的意见等情况。

（8）建设单位、设计单位的代表到现场的人员的姓名、职务、时间以及他们对施工现场与工程质量的意见与建议。

（9）兄弟单位到施工现场参观学习的情况，包括单位名称、参观人数、领队人员姓名、参观内容及时间。

（10）上级领导与市政部门到施工现场视察情况，包括领导人员的姓名、职务、对现场施工质量与文明施工的意见与评语。

各施工企业所写的施工日志的内容与深度均不相同，长时间所形成的习惯与风格均有不同，施工日志所记录内容也各有侧重，一般均采用表格形式，便于施工现场记录。

第四节　企业定额与工法工作

一、企业定额工作

定额是人们对某一事物进行量的规定或限定的额度。定额工作是企业管理基础工作的关键，是企业组织施工生产，制订各项计划的依据。

在传统的计划经济体制下，企业的行为受上级指导，缺乏主观能动性，无需自己的定额——企业定额，而普遍采用的是社会定额。所谓社会定额是指统一的行业定额或地方政府定额，它是在一般正常条件下制定的，是整个行业或地方的标准，体现着社会必要劳动时间（时间定额）和社会必要消耗及产量（材料定额和产量定额）。因为社会定额在项目的划分及量化上不能完全适应每个企业的具体情况，所以使得企业技术管理工作空洞无力，给技术资料的积累、分析等带来诸多不便，最终影响企业素质的提高。

在当今市场经济条件下，随着现代企业制度的建立，企业被推向市场而成为独立的利益主体，企业要在市场中生存发展和追求最大经济效益，就必须注重自身素质的提高，其根本途径就是要加强技术管理，技术管理的基础就是必须总结出一套适合企业自身特点的技术资料，制订企业定额则是其中之一。

企业定额和社会定额是相辅相成，相互促进的。企业定额反映的是一定时期具体企业的实际水平，体现的是个别劳动时间（时间定额）和个别消耗及产量（材料定额和产量定额）；而社会定额反映的则是社会必要劳动时间（时间定额）和社会必要消耗及产量（材料定额和产量定额）。企业定额是企业自身建设问题，是企业管理基础资料；而社会定额则是行业或地方政府规范企业行为，进行宏观指导的基础，是建设单位进行招标，确定标底和制订建设计划的依据。社会定额宏观一些，企业定额具体一些，二者不能相互代替。但二者又有着相互促进的关系，社会定额对企业定额起指导作用，企业定额应尽量与社会定额保持一致；同时，企业素质的提高和企业定额水平的提高，又会促进社会定额水平的提高。与社会定额相比，企业定额具有如下特征。

1. 具体实用性

企业定额是针对企业自身特点，根据施工生产的实际情况而制定的，所以企业定额在项目的划分上必须具体，在量值的确定上必须符合现阶段企业的实际情况，并保持一定的先进水平，只有这样才能充分发挥其组织施工生产、控制施工过程、总结施工经验的作用。

2. 快速灵活性

企业定额虽然也同社会定额一样在一定时期内保持相对稳定，但其制订修改等要灵活、快速得多。首先，企业定额的制订要快速及时；其次，在使用过程中可根据施工生产中的具体情况灵活变动，迅速修改；第三，在经过一段时间后，随着生产技术的发展及企业采用新技术、新设备、新工艺等，要及时、快速地对企业定额进行修改，以适应不断变化的情况。

3．广泛全面性

企业定额不仅比社会定额具体灵活，而且在范围上也广泛全面。它不仅包括每个工序工、料、机的定额，而且还包括分项、分部工程，甚至单位工程、工程项目的最佳劳动组织形式，机械设备的配置及工期、造价等方面的参考指标，还可在此基础上形成工法，以便于企业据之快速确定投标报价，快速组织施工生产。

4．相对保密性

企业定额是企业管理基础工作的关键，是企业技术素质的集中体现，是企业参与市场竞争的基础资料。所以它不像社会定额那样公开发行，而是相对保密的。企业通过技术进步，提高定额水平，可以获得最佳利润，可以在竞争中处于领先地位。

市场经济体制的建立要求企业制订自己的定额。企业定额的制订不是一蹴而就的，而是长期的、经常性的。在目前情况下，各企业应以社会定额为基础，综合运用技术测定法、比较类推法、统计分析法、经验估工法、分析计算法等，首先建立企业定额框架，并以此为基础不断地进行扩展和深化，使之逐步符合企业的实际情况。

在诸多方法中，统计分析法对企业定额的制订具有重要作用，它贯穿于企业施工生产过程的始终。我们一定要摒弃为制定企业定额而制定企业定额的做法，切实把企业定额工作作为提高企业素质的基础来抓。通过制订符合实际的企业定额，可以使我们在投标时将施工方案和投标报价建立在可行的基础之上，既避免了因高报价而失标，又避免了为中标而不切合实际的降低报价，最后造成亏损的局面。建立企业定额，可使事前的施工组织方案、生产计划等安排得先进合理，切实起到指导生产的作用；还可据此加强生产过程控制，保证施工生产的合理高效。施工生产完成后，还可将实施结果与计划进行比较、总结、分析失败的教训和成功的经验，为企业定额的修订提供基础资料。这样使得企业施工生产的事前计划，事中控制和事后总结都建立在可靠的基础之上，同时使企业定额进入制定——应用——修改——提高——应用的良性循环，使之随时符合企业的实际情况，代表企业先进水平，充分发挥其对企业施工生产的指导作用，并使企业管理工作不断迈上新台阶，从而不断提高企业素质，最终提高企业的经济效益和社会效益。

二、工法工作

（一）工法的概念与作用

工法是指以工程为对象、工艺为核心，运用系统工程的原理，把先进技术与科学管理结合起来，经过工程实践形成的综合配套技术的应用方法。每项式法都是一个系统，系统有大有小，针对单位工程的是大系统，针对分部、分项工程的是小系统。工法属于企业高层次的技术标准，为项目或工程技术人员服务，用于指工程施工和管理，它具有技术先进、保证工程质量、提高施工效率、降低成本等特点。工法工作是施工技术管理的重要内容，是企业定额工作的扩展和延伸。

施工企业开发工法的数量、等级和推广应用情况，是衡量施工企业技术管理水平及队伍素质、施工能力等的重要标志，与企业的素质、信誉直接相关。施工项目经理部，必须结合本单位与工程的实际情况，注意技术积累、跟踪和完善施工各环节的工法，从而不断提高施工水平。

（二）工法管理

工法分为一级（国家级）、二级（部级）、三级（企业级）三个等级。关键技术达到国内先进水平，有显著经济效益或社会效益的为一级工法；关键技术达到部级先进水平，有较好经济效益或社会效益的为二级工法；关键技术达到企业先进水平，有一定经济效益的为三级工法。

在施工过程中形成技术上新颖、可靠，其关键技术和社会经济效益达到三级以上工法水平的，就可以予以确认。

（三）工法的内容与编制

工法的内容一般包括：工法特点、适用范围、施工程序、操作要点、机械设备、质量标准、劳动组织、安全措施、技术经济指标和应用实例等。一般由基层施工单位根据工程实践进行编写，并经反复修订、改善，在初编工法时宜选择小一点的分部或分项工程为对象，并与新技术推广紧密结合起来。

第五节 施工总结与技术档案

一、施工总结

施工总结是对工程从施工准备到竣工验收全过程的组织和管理工作做一次总的回顾和检查，取得经验与教训，以便不断提高施工单位的技术水平和管理水平。施工总结一般包括如下内容：

1. 施工组织设计的编制与执行情况的总结；

2. 技术革新项目的试验、采用及技术改进的记录和经验总结；

3. 重大质量、安全事故的情况、原因分析、补救措施的记录和经验总结；

4. 有关重大技术决定和施工技术管理的经验总结。

施工总结是总结先进技术，推广先进经验，借以改进施工组织和加强企业管理的有效方法。必须在工程开始时，就注意积累资料，除施工过程中各项统计资料根据规定及时核实填报、保存外，还应加强施工日志工作，由调度配合工程技术人员负责记录施工过程中的重大事件，便于将来总结。

二、技术档案

工程技术档案包括施工企业进行建筑工程施工活动所用的施工图纸、照片、报表和文字说明等技术文件，是施工过程中自然积累形成的。

　　建立工程技术档案是为了系统地积累施工技术经济资料，保证各项工程的合理使用，并为维护、改造和扩建提供依据。因此必须从工程准备开始就建立工程技术档案，汇集整理有关资料，并贯穿整个施工过程，直到工程交工验收结束。

　　凡是列入技术档案的技术文字和资料，要按照档案中的规定，内容要真实，数据要准确，不能事后作补，不得擅自修改，不准伪造，并且必须经各级技术负责人正式审定后才有效。

　　技术档案是永久性保存文件，应按归档制度加以整理，以便交工验收后完整地移交给有关技术档案管理部门。工程技术档案必须严加管理，不得遗失损坏，人员调动要办理交接手续。

　　工程技术档案内容包括三个部分。

　　（一）原始文件资料

　　有关建筑物合理使用、维护、改建和扩建的参考文件，在工程交工时随同其他交工资料提交建设单位保存。其内容有：

　　1．施工执照，地质勘探资料；

　　2．永久水准点的坐标位置，建筑物、构筑物及其基础深度等的测量记录；

　　3．竣工工程一览表和竣工图；

　　4．图纸会审记录，设计变更通知和技术核定单；

　　5．隐蔽工程验收记录；

　　6．材料、构配件和设备的质量合格证明；

　　7．成品及半成品出厂证明及检验记录；

　　8．工程质量检查评定和质量事故发生与处理记录；

　　9．土建施工必要的试验和检验记录；

　　10．设备安装及暖气、卫生、电气、通风和管线调试、试压、试运转及施工试验记录；

　　11．建筑物、构筑物的沉降和变形观测记录；

12．未完工程的中间交工验收记录；

13．由施工单位和设计单位提出的建筑物和构筑物使用注意事项文件；

14．其他有关该项工程的技术决定；

15．施工中的有关记录；

16．安全事故发生和处理记录；

17．高层建筑附近邻近建筑物与管线有关测试资料；

18．竣工验收证明。

（二）施工技术资料

为了系统地积累施工经验的技术试验资料，由施工单位保存，供本单位今后施工参考使用。其内容有：

1．施工组织设计、施工部署和施工经验总结；

2．本单位初次采用的或施工经验不足的新结构、新技术、新材料的试验研究资料，施工方法、施工操作专题经验总结；

3．技术革新建议的试验，采用和改进的记录；

4．重大质量事故和安全事故的报告、原因分析和补救措施的记录

5．施工日志；

6．有关的重要技术决定及其他施工技术管理的经验总结；

7．高层建筑有关模板设计计算资料；

8．高层建筑中有关其他分包施工组织设计和有关技术资料。

（三）大型临时设施档案

包括工棚、食堂、仓库、围墙、铁丝网、变压器、水电管线等总平面布置和施工图，临时设施有关结构计算书，必要的施工记录等。

第五章　施工生产要素管理

第一节　劳动力组织与管理

一、劳动管理

劳动管理包括劳动和劳动力的计划、决策、组织、指挥、监督、协调等工作。劳动管理的对象是劳动力和劳动活动两个方面。劳动力包括工人、技术人员、管理人员、学徒、服务人员、其他人员等全体职工。

要进行生产，需要三个基本要素：劳动者、劳动资料和劳动对象。其中，劳动者是最活跃、最重要的因素。要搞好施工生产，首要条件是人。劳动管理是把劳动者作为主要生产要素来管理的。其目的在于：建立合理的劳动组织，充分调动人的积极性和创造性，恰当地运用他们的体力和脑力于施工生产过程中去。在生产过程中，劳动力只有严格分工密切协作，才能形成强大的合力。所以，劳动管理不仅仅是对劳动力的管理，还需要及时调整劳动过程中人与人、人与物的关系，使劳动者在完成一定的建筑安装工作量中消耗最少的劳动量。总之，最大限度地节约劳动力，充分发挥人在各活动中的作用，不断提高劳动生产率，是劳动管理的根本目的。

劳动管理的主要内容有：应用与编制劳动定额，劳动定员，改善劳动组织，加强劳动纪律和劳动保护，劳动竞赛，劳动力的招收与培训，劳动工资计划的编制、执行、检查等。

劳动管理的主要任务有：贯彻国家有关劳动管理的方针、政策和法令；根据施工任务的需要，合理组织、配备、使用劳动力；做好劳动力的平衡、调度，分工协作；加强定额管理；提高职工的文化和技术素质；贯彻社会主义按劳分配原则，充分调动全体职工的劳动主动性和创造性；圆满完成施工任务，努力降低劳动消耗，不断提高劳动生产率。

二、劳动组织

（一）劳动组织的概念与任务

劳动组织是在劳动分工的基础上，把为完成某项工作而相互协作的有关工人组织在一起，形成一个有机整体。分工是随着生产技术进步而发展的一种历史趋势，随着分工的发展，每个劳动者所需掌握的技术内容逐渐减少，使技术趋于简化，这样，既便于劳动者掌握，也可以迅速提高熟练程度，同时，也为机械化施工创造了条件，这都有利于提高劳动生产率。协作是随分工一同产生和发展的，它是分工的必然产物，也是分工的必要条件，没有协作，分工就失去意义。

劳动组织的任务是：正确处理生产过程中劳动者之间的关系，以及劳动者与劳动工具、劳动对象间的关系；根据生产发展的需要，不断调整和改善劳动组织形式；在合理分工与协作的基础上，正确配备劳动力，使人尽其才，各施所长，以充分利用劳动时间，不断提高劳动生产率。

（二）劳动组织的形式与内容

劳动组织的形式有专业施工队和混合施工队两种，施工队以下又分为作业班组或工班。专业施工队是根据施工工艺的需要，由同一工种的工人所组成的劳动组织形式。其特点是施工任务比较单一，有利于提高工人技术水平，对工种协作要求较高，适宜于技术要求较高或专业工程量较大、较集中的工程。

专业施工队间是相互配合、紧密协作的关系。混合施工队是由完成一个分部工程或单位工程所需要的，互相联系较密切的不同工种的工人所组成的劳动组织形式。其特点是具有一定的综合施工能力,工种协作配合好,有自身调节能力,便于统一指挥。在具体施工过程中,专业施工队与混合施工队也不是截然分开的,而是相互交织在一起。混合施工队内又可细分化为若干个专业施工队。

劳动组织的基本内容包括:机构的设置;各类人员的配备;劳动分工与协作;劳动班制;生产队组的组织等等。

对劳动组织工作的要求是:合理配备职工,使每个职工有足够的工作量,并易于发挥自己的技术专长;采取适当的组织形式把全体职工组织起来,以利于各工序间的衔接和施工生产的指挥协调。

合理的劳动组织是保证施工生产顺利进行、提高劳动生产率和获取最佳经济效益的重要措施,搞好劳动组织工作具有重要意义。

三、劳动定员

劳动定员是指为保证施工生产顺利进行,组织均衡生产,根据生产规模、技术水平要求、用人标准等,合理规定施工中各类人员的数量及其比例。编制定员的基本依据是工程的总工作量和一个人的工作效率。由于施工中各类人员的工作性质不同、总工作量和工作效率的表现形式不同,所以计算定员的具体方法也不同。主要有如下几种方法。

1. 按劳动效率定员。根据施工任务和工人的劳动效率、出勤率来计算定员人数。

2. 按设备定员。就是根据施工现场所需机械设备数量和工人的看管定额来计算定员。

3. 按岗位定员。按岗位的多少来计算定员人数。

4. 按业务分工定员就是在一定的组织机构条件下,根据职责范围、业务分工来确定定员人数。这种方法适用于管理人员、工程技术人员。

5．按比例定员。就是按照职工总数的比例来计算非直接生产人员和部分辅助生产人员的数量。

总之，定员工作是一项十分复杂、细致的工作，必须从实际出发，做好充分的调查研究，根据施工现场和各类人员的特点，注意把几种方法结合起来，灵活运用。工作中必须注意不断积累经验，不断探索，切实搞好劳动定员，以提高劳动效率，减少劳动经费，充分发挥机械、设备、人员的生产能力，降低成本，提高效益。在进行劳动定员的同时，还要注意定人员的质量、定责任、定组织机构，做到综合配套，以便最大限度地提高职工的工作效率。

四、劳动力的调配和运用

劳动组织形式和劳动定员确定以后，施工中还必须加强各施工单位之间劳动力的调配工作。及时调剂余缺，使之经常维持动态配套状态，这是项目经理部的重要任务，也是提高劳动生产率的重要保证。随着施工的全面展开，随着进度、气候的变化，势必对劳动组织提出新的要求，所以应根据施工生产的变化和发展，对职工进行平衡、调剂、实行再分配，具体调配的方式可分为：

1．成建制的调动。主要发生在支援重点建设时，将一个单位的全部人员、机械设备、工具等整个迁入新的工点，以增加工作面，加快进度。

2．成批调动。指按需要的工种、人数，将一批职工调到新的工点。

3．零星调动。是指因工作需要或解决个别职工困难而进行的调动。

在劳力调配时，应坚持下列原则：

（1）树立全面观点，局部服从整体。

（2）区别轻重缓急，统筹兼顾，合理安排。

（3）先内后外，先近后远。

（4）已经是定员编制的单位，一般不再调入职工。

（5）根据施工生产需要，保证第一线有足够精干的劳动力。

（6）力求做到人尽其才，人事相宜，尽量照顾专长。

总之，在施工过程中，劳力的调配在所难免。在进行调配时，要做好思想政治工作，做好调查研究，慎重选择调配对象，适当运用经济手段，做好各项具体工作，帮助职工解决实际问题，尽量避免大规模的人员调动，同时要建立必要的劳力调配制度，做到有章可循，切实保障施工所需劳动力，保证进度计划的实现。

五、劳动教育与劳动纪律

加强对职工的教育培训工作，提高职工的科学文化和技术水平是当务之急。要把职工的学习当做工作的组成部分，加强职工的技术培训工作。培训时要适应施工人员多样性的特点，采取多种形式进行。如：利用业余时间或利用雨天、大风天，分工种上技术课，使工人懂得本工种生产技术原理、技术标准、应知应会和技术、安全操作规程等；加强技术交底工作；开展岗位练兵。也可分期选派技术骨干进入短期技术训练班，甚至进大专院校深造等。

劳动纪律是指劳动者在共同劳动中必须遵守的规则。这种规则要求每个劳动者必须按照规定的时间、程序和方法，完成自己承担的任务，以保证生产过程有秩序地协调进行。劳动纪律是人们从事集体协作劳动的必要条件，是组织社会化大生产的必要保证。劳动纪律包括下列内容：

1. 组织纪律。要求职工服从工作分配、调动和指挥，个人服从组织，下级服从上级。

2. 遵守各项规章制度。如岗位责任制，技术操作规程，安全操作规程等。

3. 考勤制度。

4. 奖惩制度。

—劳动纪律的巩固，除需建立、健全各项规章制度外，还要加强思想政治工作，进行必要的奖惩。对模范遵守劳动纪律和成就优异的，给予精神和物质奖励；对违反和破坏劳动纪律的，应根据情况给予批评教育或纪律处分；因违反劳动纪律而引起刑事责任时，应依法追究。

第二节　机械设备管理

机械设备管理是指对机械设备从选购、验收、使用、维护、修理、更新到调出或报废为止全过程的管理。机械设备运动的全过程包括两种运动形态。一是机械设备物质运动形态，即设备的选购、验收、使用、维护、修理、设备事故处理、封存保管、调拨报废等；二是价值运动形态，即机械设备的最初投资、折旧维护费用、更新改造资金的来源、支出等。

一、机械设备的管理

（一）合理选择施工机械

在现有的和可能的条件下，本着技术上先进、经济上合理、生产上适用的原则选择好的机械设备。在选择设备时应注意以下几点：

1．生产性。是指机械设备的生产率和适用性。一般以机械设备在单位时间内完成的产量来表示生产率，以施工机械的最大负荷、作业方式、功率、速度等表示适用性。

2．可靠性。是在指精度、准确度的保持性，零件的耐用性、安全可靠性等。即对工程质量的保证程度，就是要求机械设备能完成高质量的工程和生产高质量的产品。

3．节能性。指机械设备节约能源的性能，一般以机械设备单位开动时间的能源消耗量表示。如：每小时耗电、耗油量。

4．维修性。指维修的难易程度。选择机械设备时要选择结构简单，零件组合合理，便于拆卸、检查，通用性强，系列化、标准化程度高，零件互换性强的机械设备。

5. 环保性。指机械设备的噪音和排放的有害物质对环境的污染程度。在选择机械时，要把噪音和排污控制在国家规定的标准之内。

6. 耐用性。指机械设备的使用寿命要长。机械设备在使用过程中除存在物质磨损外，还存在着精神磨损或称无形磨损。这里所说的耐用包括物质寿命、经济寿命和技术寿命。

7. 配套性。是指设备的成套水平，这是形成设备生产能力的重要标志，包括单机配套和项目配套。

8. 灵活性。指机械设备能够适应不同的工作条件和环境。除操作使用灵活外，还要能适应多种作业。对机械设备的要求是轻便、灵活、多功能、适用性强、结构紧凑、重量轻、体积小、拼装性强等。

9. 经济性。指机械设备的购置费、使用费和维修费的大小。

10. 安全性。指机械设备对安全施工的保障程度。

以上是影响选择机械设备的重要因素。实际上不存在能兼顾上述十点的完美的机械设备。上述各因素有时是互相矛盾、互相制约的。因此，在选择机械设备时，凡是可以用数量表示的，如：生产率、节能性等应进行定量分析；不能用数量表示的，如：安全性、配套性等则进行定性分析。最主要的是应该在企业现有的或可能争取到的条件下，实事求是地选择合适的机械设备。

(二) 提高组织工作水平，合理使用机械设备

机械设备的使用是设备管理的一个重要环节。正确、合理的使用设备可以大大减轻磨损，保持良好的工作性能，充分发挥设备效率，延长设备使用寿命。这对缩短工期、降低成本、保证好、快、省地完成施工任务具有重要意义。

1. 做好施工组织设计和施工准备工作，合理使用机械

施工组织设计编制的合理与否，对机械设备的使用有很大影

响。在编制施工组织设计时，一定要根据施工内容、气候条件等综合考虑，选定施工机械设备的类型、数量，制定使用计划。

充分做好施工准备，也是提高机械设备利用率的一个重要因素。设备的使用应按计划进行。所以，施工计划应提前下达，施工部门和设备部门应及时协商，做好调查研究，掌握各种机械设备的使用条件。另外，在施工前技术人员向各种机械设备的司机做好详细的技术交底，也是一项重要的准备工作。

要注意发挥工人的积极性，提高操作水平。不论什么机械都是由人来操作的，能否把机械设备的效能充分发挥出来，取决于人的状况及对机械设备的性能掌握，正确处理使用、保养和维修的关系，就会使机械经常处于良好状态，机械的利用率就会提高。因此，必须提高工人的技术水平，树立科学的态度和作风，掌握设备运行的客观规律，正确、合理地使用机械。

2．在特殊条件下合理使用机械

（1）在风季、雨季进行施工时，一定要制定出特殊的操作方法和程序，采取必要的防风雨措施，确保机械设备的安全。

（2）在寒冷季节和低温地区使用机械设备，要加强发动机的保温、防寒、防冻、加强润滑等措施，保证发动机正常工作。

（3）在高温地区或季节使用机械设备，要根据高温地区的特点采取措施。如：加强发动机冷却系统的维护和保养，及时更换润滑油和使用熔点较高的润滑油脂，加强对燃料系统的保养和对蓄电池的检查等。

（4）在高山地区使用机械。为保证高原山区施工机械有良好的性能，在可能条件下可加装空气增压器，为使混合气成分正常可适当调稀混合气，以及加强冷却的密封性等。

3．制定合理使用机械设备的规章制度

要针对机械设备的不同特点，建立健全一套科学的规章制度，使机械设备的使用步入正规化、标准化。

（1）技术责任制。这是使机械设备正常工作，安全施工的有力保证。机械设备在管、用、养、修各环节中，关系复杂，头绪繁多，若不制定明确的技术责任制，就不能分清各环节、各岗位应承担的责任，造成相互推诿、扯皮现象。因此，必须建立和完善技术责任制，明确各环节、人员的职责，保证正常的施工秩序。

（2）安全操作规程。这是保证安全施工，防止事故发生的主要措施。在机械设备使用中按操作规程使用，不仅能做到安全施工，还可以提高生产效率。反之，违反操作规程，必然会导致事故的发生，轻者损坏机械设备，重则发生人身伤亡事故。特别是一些引进的先进机械设备，更应按说明书中规定的操作规程使用，从而确保机械设备的正常使用。

（3）定人、定机、定岗位的"三定"制度。"三定"制度是机械使用责任制的表现形式。其核心就是把人和机械设备的关系固定下来，把机械设备关系固定下来，把机械的使用，保养和维护等各环节都落实到每个人的身上，做到台台设备有人管，人人有责任。

（4）交接班制度。为使机械设备在多班作业和多人轮班作业的情况下，能相互了解情况交清问题，防止机械损坏和附件丢失，保证施工的连续性，必须建立交接班制度。各种机械设备司机要及时填写台班工作记录，记载设备运转小时、运转情况、故障及处理办法，设备附件和工具情况、岗位练兵情况、上级指示及需要注意的问题等。以明确彼此的责任并为机械设备的维修、保养提供依据。

（5）制定合理的维修制度。

（6）其他制度。如：巡回检查制度、台机经济核算制度、机械设备档案制度、随机附件、备品、工具管理规定等。

（三）做好机械设备的维护保养，提高机械设备完好率

机械设备的保养和修理是机械设备自身运动的客观要求，也

是机械设备管理的重要环节。机械设备的使用过程中，由于物质的运动，必然会产生技术状况的不断变化，以及不可避免的不正常现象。例如：振动、干摩擦、声响异常等。这是机械设备的隐患，如不及时处理，会造成设备过早磨损，甚至造成严重事故。做好机械设备的保养和修理是一种科学的管理方法。保养的内容是：清洁、润滑、紧固、调整、防腐十个字。称为十字作业法。

（四）全员参加生产维修，确保经济效益

全员参加生产（TMP）是日本设备工程协会倡导的一种设备管理与维修制度，它以美国的预防维修为业务主体，吸收了英国设备综合管理工程科学的主要观点，总结了日本某些企业推行全面质量管理的实践和成功经验，而逐步发展起来的一种综合的设备管理方法，在实践中收到了良好效果。

TMP的基本观点是"三全"。即全效率、全系统、全员的设备管理。全效率是指机械设备的经济效率，包括设备购买到报废的自然寿命中，为购置、维修和保养一共花费了多少钱，而设备在使用全过程中一共收入了多少钱，总所得与总花费之比就是综合效率。全系统即全过程，是指以设备从研究、设计、制造、使用、维修直到报废为止的全过程作为研究、管理的对象。全员是指从经理、管理人员直到第一线的生产工人都参加设备管理。

TMP的要点可概括为：

1. 采取比较完善的生产维修方式：

事后维修——适用于一般设备；

预防维修——适用于重点设备，如塔吊、混凝土拌合设备；

改善维修——对原有设备进行改革，以提高设备质量和适用性；

维修预防——在新设备设计时，注意提高设备的可靠性、维修性。

2. 划分重点设备，加强管理。从在用设备中，依据对生产的影响程度，采用评分的办法，选出重点设备，加强管理。

3．发动施工第一线操作工人参加设备管理，把设备维修与保养看成是自己的责任，而不仅仅是修理工的事情。全员动手搞好设备的日常检查与维护保养。

4．重视维修记录，并采取数理统计方法，进行分析研究，发现规律，找出重点。

5．强调各级各类工作作风及规章制度的建设，是 TMP 的基础。

6．积极培训专职维修人员是 TMP 的骨干。

二、常用施工机械的布置与使用

1．起重机械的布置与使用

现场的起重机械有塔吊、履带吊起重机、井架、龙门架、平台式起重机等。它的位置直接影响仓库、料堆、砂浆和混凝土搅拌站的位置，以及场地道路和水电管网的位置等。因此要首先予以考虑。

塔式起重机的布置要结合建筑物的平面形状和四周场地条件综合考虑。轨道式塔吊一般应在场地较宽的一面沿建筑物的长度方向布置，以充分发挥其效率。根据工程具体情况，还可布置成双侧布置或跨内布置。塔轨路基必须坚实可靠，两旁应设排水沟，在满足使用的条件下，要缩短塔轨的长度，同时还要注意安塔、拆塔是否有足够的场地。

轨道中心线与外墙边线的距离取决于凸出墙的雨篷、阳台以及脚手架尺寸，还取决于所选择塔吊的有关技术参数（如轨距等），吊装构件的重量和位置。

塔吊的布置要尽量使建筑物处于其回转半径覆盖之下，并尽可能地覆盖最大面积的施工现场，使起重机能将材料、构件运至施工各个地点，避免出现"死角"。

在高空有高压电线通过时，高压线必须高出起重机，并保证规定的安全距离。否则应采取安全防护措施。

布置固定式垂直运输设备（如井架、龙门架、桅杆、固定式塔吊）的位置时，主要根据机械性能，建筑物平面形状和大小，施工段划分的情况，起重高度，材料和构件的重量及运输道路的情况等而定。做到使用方便、安全、便于组织流水施工，便于楼层和地面运输，并使其运距要短。

井架或门架的位置宜选在高低分界线、施工分段及门窗口处。当井架装有摇头扒杆时，则有一定吊装半径，可将一部分楼板、构件直接吊到安装位置。井架的高度应视拟建工程层面高度和井架形式经计算确定。

2．施工电梯的布置与使用

当进行高层建筑施工时，为施工人员的上下及携带工具和运送少量材料，一般需设施工电梯。施工电梯的基础及建筑物的连接基本可按固定式塔吊设置。与塔吊相比，施工电梯是一种辅助性垂直运输机械，布置时主要依附于主楼结构，宜布置在窗口处，并应考虑易进行基础处理的地方。

3．搅拌站的布置与使用

砂浆及混凝土的搅拌站位置，要根据房屋的类型、场地条件、起重机和运输道路的布置来确定。在一般的砖混结构房屋中，砂浆的用量比混凝土用量大，要以砂浆搅拌站位置为主。在现浇混凝土结构中，混凝土用量大，又要以混凝土搅拌站为主来进行布置。搅拌站的布置要求如下：

（1）搅拌站应后台上料的场地，尤其是混凝土搅拌机，要与砂石堆场、水泥库一起考虑布置，既要相互靠近，又要便于材料的运输和装卸。

（2）搅拌站应尽可能布置在垂直运输机械附近或其服务范围内，以减少水平运距。

（3）搅拌站应设置在施工道路近旁，使小车、翻斗车运输方便。

(4) 搅拌站场地四周应设置排水沟，以有利于清洗机械和排除污水，避免造成现场积水。

(5) 混凝土搅拌台所需面积约 25 m^2，砂浆搅拌台约 15 m^2。

第三节 材 料 管 理

一、材料管理的任务

材料是劳动对象，是生产要素之一。施工过程也就是材料的消耗过程。没有材料，施工就不可能进行。所谓材料的管理就是按照客观经济规律的要求，依据一定的原则、程序和方法，搞好材料的供需平衡，合理进行材料的运输与保管工作，保证施工生产的顺利进行。

材料管理的主要任务是，确保施工期间的材料供应，编制好材料供应计划，抓好供应和使用过程的管理，提高经济效益。具体地说有以下几点：

1. 组织落实物资供应来源。物资来源有固定渠道的，要加强平衡调剂；物资来源无固定渠道的，要据具体情况采取多种形式调查落实料源。

2. 加强平衡调度工作，搞好配套供应。根据施工中所需各种材料的品种、规格和数量之间实际的比例关系，做到配套供应，保证顺利施工。

3. 提高成品和半成品的供应程度。材料供应既要坚持从生产出发，为生产服务的方针，又要从施工流动性这一特点出发，做到凡适合在后方统一加工、统一调剂、统一配料的材料，都不要放到现场，采取成品或半成品供应。

4. 编制材料供应计划。依据月、季施工任务，核定材料的需要数量，从节约的原则，精打细算，又留有余地的编制月、季材料供应计划。

5．严格库存材料管理。材料入库,包括材料的接运、验收、办理入库手续、登账、立卡、建立材料档案;材料的出库,包括核对出库凭证、备货、复核、点交和清理。要做到收发有据,账物相符。

材料的保管和保养工作,要根据材料的性能安排适当的保管场所,妥善堆、码、垫存,加强材料的日常维修保养。做好防火、防锈、防腐、防霉、防虫害、防鼠害等工作。并进行定期检查,制定季节性预防措施。

6．要把材料按品种进行料区划分。根据品种堆放的要求做好垛底承垫,依据品种、规格、分类进行检尺堆码。每垛之间留有一定间隙,便于整料人员工作,做到标记明显,每垛数量准确。做到心中有数,便于供应。

7．增产节约,降低工程成本,挖掘生产潜力,节约原材料。充分依靠群众,积极开展"加、修、代、改"活动,这是降低工程造价行之有效的措施。

8．严格执行材料管理制度。料库和单位在作业时都必须建立供料、领料制度。按照材料管理系统的业务责任制,双方共同遵守,保证施工任务顺利完成。

二、材料的计划管理

(一) 材料计划的编制

材料的供应是按计划进行的。材料计划是施工计划的重要组成部分,是材料供应、采购、订货的依据。材料计划按其作用不同可分为需用计划和供应计划。需用计划反映需用量,是编制供应计划的基础;供应计划也称平衡计划,它反映需用材料的来源和供应。需用计划是基础,供应计划是关键。

材料供应既要保证施工的需要,又要做到活完场清。所以一定要加强工程项目一次备料计划的编制,在开工前必须以设计文件为依据,本着实事求是,精打细算的原则编制工程项目用料计划,以此作为供应和控制的依据,然后再根据工程项目用料计划和施工进度计划，按季、月编制用料计划，作为组织材料订货和供应进场的依据。

为了保证施工的连续性，施工现场应有一定数量的材料储备，以防止材料供应脱节，影响施工生产。因此，根据计划要求及地区条件，要有一个合理的储备定额。一定数量的材料储备是必要的，但储备不能过多。储备量过大不仅占用企业大量资金，而且仓库面积、堆放场地等都要扩大，增加管理费，还可能造成材料的变质，损坏等，造成浪费。因此，储备量必须经济合理。

在决定材料的储备量，进行材料管理过程中，常常应用ABC分类法，其基本观点是对材料进行统计、排列与分类，借以反映出"关键的少数和次要的多数"以找出管理重点。它是1897年首先由意大利经济学家帕雷特提出来的。1951年应用于库存管理，定名为 ABC 分类法。将 ABC分类法应用于物资管理，有利于降低库存，加速资金周转，节约仓储费用。

在施工中对各种材料的需求量不同，物资价值高低不同，资金占用多少不同，对生产的重要程度不同，这就要求对各种材料区别对待，分别轻重采取不同的管理方法。应用 ABC 分类法进行物资管理，基本做法有两种。一种是将全部物资品种按计划期折算成金额，由高到低逐个排队列表进行分析；另一种是对各物资品种按计划期内的数量分层列表进行分析。

具体步骤归纳如下：

1．以每种物资的年度供应量或年消耗量，乘以物资单价，求出各种物资全年供应或消耗金额。

2．按各种物资全年金额的多少，排列顺序。

3．计算每种物资全年供应或消耗金额占全部物资金额的百分比。

4．据上述材料，求出各种物资占全部物资的百分比，并适当地划分为三类即 A、B、C 类。

5. 列出 ABC 分类表，绘制库存物资 ABC 分类图。

6. 对于不同的物资，分别采取不同的管理方法。

（二）材料的订货

1. 材料厂家的考察

施工中所需的各种材料，专业性较强，一般应从专业工厂订购，在选择生产厂家时应注意以下两点。

（1）考察的内容有：产品的质量、厂家技术力量、生产能力、产品的价格、运输条件、厂家的社会信誉等。

（2）考察的形式和方法。可直接到有关厂家的职能部门、车间和生产工人中间了解有关情况。也可以走访厂家的新老客户，听取用户对厂家的意见和评价。也可以采取信函的方式向厂家索取有关资料，或请厂家回答问题等。在调查时，一般同时或不同时对多个厂家进行调查比选，本着优胜劣汰的原则，择优选定满意的生产厂家。

2. 订货合同的签订与管理

在考察并选定材料生产厂家后，便与厂家订立供货合同。材料订货合同属经济合同，系指法人之间为实现一定的经济目的，明确相互权利义务关系的协议。订立经济合同不仅是一种经济活动，而且是一种法律行为，合同中规定的当事人所拥有的权利受法律的保护，所承担的义务受法律的监督。

材料订货合同一般来说数量大，合同执行周期长，合同涉及面广。因此，为了保证订购合同的顺利签订，首先要组成合同洽谈代表团，一般以四至五人为宜。可以由材料管理部门牵头，具有法人代表资格的单位领导带队，总工程师及计划、技术部门有关人员参加。签订合同时应该注意以下几点：

（1）充分掌握和熟悉各种材料。签订订货合同既有技术问题，也有经济和法律方面的问题。为能获得理想效果，避免经济损失，在正式签订合同之前，应该搜集和掌握各方面的资料并对其认真研究。尤其要熟悉和掌握所订购产品的规格、型号及质量、工艺要求，材料的需用时间、价格行情等。只有分析和掌握了各种材料之后，才能使订立的合同内容合理，不致给施工生产带来损失。

（2）进行风险分析，争取合理的合同条款。争取合理的合同条件，是减少风险，保证本方利益的重要手段。主要应从以下几方面为自己争取合理条款：力求使风险性条款合理，防止潜伏性的损失，避免有名无实的条款，避免限制自己权利的条款。

（3）熟悉和掌握《经济合同法》的有关条款。在起草和拟定合同内容时，要求文字简练，用词准确。在拟订有关责、权条款时，应认真推敲，积极争取对已方有利条款，避免不利条款，同时应考虑对方的承受能力，合情合理地确定双方的责、权利。在签订大宗经济合同时，还应会同当地公证部门进行，从而保证所签订合同能够顺利地执行。

订货合同的签订仅仅是材料管理工作的第一步。全面、实际地履行合同条款是合同履行的基本原则。在长时间内如何保证及时实现合同规定的权利、履行合同的义务，是有关部门始终应注意的问题。必须加强合同管理，设专人负责合同的编号、分类、登记，随时监督合同的执行情况，及时督促合同方按时履约，恰当地处理合同纠纷等。以确保施工所需各项材料能够按时、保质、保量的供应，充分满足施工的需要。

（三）材料的储运

材料的储运包括材料的运输管理和材料的库存管理。

1．材料的运输管理

如何将施工中所需的大量材料及时、准确地运至施工现场是材料管理中的重要问题。施工单位应加强与货源单位的联系，配合货源单位搞好发运工作。

2．库房、料场的选择与设计

施工现场的库房、堆料场等应在进行施工现场平面布置时统一考虑，全面安排，以便于车辆进出，方便施工和管理为原则。

不同材料对存储的条件有不同的要求。有的需要密闭仓库储存，有的材料可搭棚围栏储存，有的可露天堆放，这就要求按材料性质、综合工程量的多少、工期长短、施工地区的雨季、湿度等情况，本着既满足存储条件，又要因地制宜，因陋就简的原则，设计一些原料库、燃料库、综合材料库、设备工具库、危险品仓库、专门仓库及露天堆场等。设计时一定要注意防水、防盗、防火、防潮等。

3. 材料的清点、验收

各类材料运达后，应及时组织材料管理人员，按合同要求进行点验。收料时必须严格手续，做到"三不收"即：无凭证不收、数量规格不符不收、质量不合格不收。坚持"四验"制度，即验规格、验品种、验质量、验数量。材料验收一是数量、品种的验收，检查是否与运单、发票及订货合同规定相符；二是质量的验收，凡是仓库能检验的，由仓库负责，凡需技术部门或专门单位检验的应由技术部门或专门单位检验。有相应的检验合格证明，方能点收入库，或送现场使用。验收时发现数量不足、损坏，质量或凭证不符等情况应立即作好记录，并由现场有关人员签证。如在火车站或码头提货时遇到上述情况应会同车站、码头主管部门进行签证。若发货时已交保险费，还应会同承保部门进行考证。然后应查明原因、分清责任，及时处理。

4. 材料的账卡管理

材料点收后要及时填写收料记录，注明发货日期、到达日期、提货时间、应收、实收数量等。并送交保管人员、业务部门分别保存，并返交发货单位。这是加强材料管理，分清彼此责任，处理纠纷的重要依据。

在账务方面，必须建立永久性的材料保管明细账及实物动态卡，定期进行库存盘点，核对账、卡、物，保证账（账目）、卡（料卡）、物（实物）三者相符。施工单位的账卡分类应始终一致，要有统一代码，以便检查和领发、购进、存放的登记。收发料单据要及时记卡、记账，账卡应准确反映实物的流转情况，同时找出各种物品的最低库存点和订购点。并及时出具库存材料盘点报告，为各级领导和主管部门提供准确的实物库存数据，为材料的订货运输等工作提供依据。

（四）现场材料管理

材料物资的现场供应是基层材料部门的重要职责，其中心任务是保证施工作业中的用料，妥善保管进场材料，合理使用材料，努力降低消耗，实现管理目标。其特点是现场材料供应与施工进度密切相关，随着施工阶段的不同，对材料需求的品种、规格、数量也不同，这就要求现场材料管理必须随时预测并满足变化了的材料需求，保证施工的顺利进行，即现场的材料管理必须是动态的管理。

搞好现场材料管理工作，对于树立企业良好形象，提高项目的经济效益有着重要意义。

要做好施工现场材料管理工作应注意以下几点：

1. 首先要掌握整个工程的情况。如：施工的范围、内容、工期等。掌握施工组织设计和工程预算编制情况，从而掌握材料、设备、工具等的需用计划，做到心中有数，以便及时组织所需材料的供应。

2. 坚持限额领发料制度。材料部门要根据工程量和材料的消耗定额，核算材料需用量，由专职材料员签发限额领料单，作为领料凭证，每次领发料均需在领料单上登记数量、日期，同时由仓库办理出账记录、出库卡，材料一经发放，手续也随之结算。对于零星、没有定额的物资，可据施工经验，采用全额控制的办法，据实际需要由施工主管签字填写领料单，仓库照单发料。

3．注意现场物资配套供应。把一个时期施工需要的各种材料及机械设备等从数量、品种、规格上配备齐全,满足需要,若发现缺口,应立即采取措施,包括以缓就急,内部调剂,材料代用等。

4．坚持对进入工地的材料及各工序间的验收工作,坚持"四验"制度。若发现数量短缺、物资损坏或数量不符等,应及时查明原因, 分清责任, 及时处理免除后患。

5．加强现场物资的保管工作。应据各类材料的特点,采取有效的保管措施,建立健全保管制度。材料的堆放要注意以下几点:

(1)材料的堆放应尽量靠近使用地点, 减少或避免二次搬运, 并考虑到运输及卸料方便。基础施工用的材料可堆放在基坑四周, 但不宜离基坑(槽)太近, 以防压坍土壁。

(2)如用固定式垂直运输设备, 则材料、构件堆场应尽量靠近垂直运输设备, 以减少二次搬运或布置的塔吊起重半径之内。

(3)预制构件的堆放位置要考虑到吊装顺序。先吊的放在上面, 吊装构件进场时间应密切与吊装进行配合, 力求直接卸到就位位置, 避免二次搬运。

(4)砂石应尽可能布置在搅拌站后台附近, 石子的堆场更应靠近搅拌机一些, 并按石子不同粒径分别设置。如同袋装水泥, 要设专门干燥、防潮的水泥库房;采用散装水泥时, 则一般设置圆形贮罐。

(5)石灰、淋灰池要接近灰浆搅拌站布置。沥青堆放和熬制地点均布置在下风向, 要离开易燃、易爆库房。

(6)模板、脚手架等周转材料, 应选择在装卸、取用、整理方便和靠近拟建工程的地方布置。

(7)钢筋应与钢筋加工厂统一考虑布置, 并应注意进场、加工和使用的先后顺序。应按型号、直径、用途分门别类堆放。

6．加强低值易耗品管理。各种低值易耗品凡发给工班或个人的, 均由物资部门分别建立卡片, 做到物各有主, 人各有责。

对于流动性较大，每次使用时间较短的低值易耗品，可设立工具间或由专人负责领发和保管，并执行工具交旧领新制度。

7. 搞好代用、包装、加固材料的回收工作。

施工中的部分材料及大部分需安装的设备，生产厂家在发运前，分别采取不同形式对之进行包装和加固，以便保证产品在运输过程中的质量与安全，除个别包装用品需要返回生产厂家外，大部分的包装、加固材料厂家不再回收。而这些包装、加固材料往往可以重复利用或改作他用。为此，施工现场应积极组织人员对这些加固，包装材料进行回收、整理，或经过简单维修和改造，再投入使用，这样既节省了重新购置费用，降低了材料成本，又净化了施工现场，做到文明施工。

8. 加强材料核算，努力降低物耗

为了合理使用材料，减少材料消耗，降低工程成本，必须加强材料核算工作。首先应加强用料前的控制和交底工作。材料人员在签发限额领料单时，应认真核对施工项目、工程数量、材料定额、以及技术措施，并及时向施工队交底，合理把关，帮助施工队节约用料。其次，加强用料中间的检查。在施工过程中，材料人员要经常深入现场检查施工项目。用料措施及施工队操作情况，积累经验，及时调整材料定额使之经常与施工水平相适应，充分满足施工需要。第三，应加强用料后的核算分析。完成施工任务后，材料员要及时办理退料。按材料定额进行核对分析，分析施工队节约和浪费的原因，检查各工作之间的薄弱环节，以不断改进材料管理工作。

总之，做好施工现场的材料管理工作，是材料管理工作的重要环节，除加强专业管理外，还必须加强群众管理，把各项组织措施、制度落实到施工队、车间、班组，专群结合，搞好施工材料管理。

第六章　施工安全与质量管理

第一节　施工安全管理

一、有关概念

（一）安全

安全可以定义为不发生导致死伤、职业病、设备或财产损失的状况。安全是指安稳而无危险的事物。施工生产过程中的安全是指人不受到伤害，物不受到损失。

（二）事故

事故与安全是两个相对的概念。事故是指人们在进行有目的的活动中，突然发生了违背人的意志的情况，迫使这种活动暂时或永久性停止的事件。事故的表征是人或事物的伤亡或损失。

（三）安全工作

为了保证人们各种有目的行动顺利进行，防止事故发生，保护人们在劳动过程中的安全和健康，物质财富不受到损失，而采取的各种组织措施和技术对策，即安全工作。安全工作的内容一般包括三个方面，即：安全管理、安全技术和劳动卫生。

1. 安全管理。是指以人的因素为主，为达到安全生产目的而采取的各种组织管理措施。主要包括安全组织机构、安全规章制度、安全标准、安全法规、人员的职业培训与安全教育，安全技术及劳动卫生的组织管理，事故的预防与管理等。

2. 安全技术。指为控制或消除生产过程中各种不安全因素而采取的技术防范措施，以物的因素为主。主要包括工艺设计技术、人机匹配技术、环境工程技术、机具设备的安全装置、危险地点的安全设施、施工过程中的个体防护技术等。

3. 劳动卫生。是以环境因素为主，研究解决施工生产环境及作业条件对人体健康的危害及其防治的科学。它主要包括作业环境有害因素的检测与控制、职业病的防治、劳逸结合、女工保护等。

安全管理、安全技术和劳动卫生是安全工作不可分割的三部分。其中安全管理是核心，若没有良好的安全管理，安全技术和劳动卫生保护就不能发挥其最大作用；但安全管理又必须以安全技术和劳动卫生做基础。因此企业安全工作应以加强安全管理为核心，广泛开展安全技术的研究和应用，同时抓好劳动卫生工作，三者相辅相成，不可偏废。

（四）全面安全管理

全面安全管理是指运用系统工程的原理，综合运用现代管理技术和方法，对安全生产实行全过程、全员参加全部工作的管理。

安全工作是企业管理的重要内容。确保安全施工，使工人在一个安全的环境中劳动，使设备正常运转，是保持良好施工秩序，发展生产和提高经济效益的重要手段，具有重大意义。首先，安全生产是党和国家的一项重要政策。保护职工在生产过程中的人身安全和身体健康，是社会主义企业的一项根本原则，是党和国家的一贯方针。1982年8月25日国务院发出通知指出：安全生产是全国一切经济部门和生产企业的头等大事。其次，安全施工是提高企业经济效益的保证。若发生安全事故或职工伤亡，企业要支付医疗费、丧葬费、抚恤费等，还要增加新职工恢复生产。若事故造成机械设备损坏，则不但造成停工，而且还需修理或购置新的设备，这样都增加了企业的投入，即增大了成本，但建筑产品的价格不变，于是导致企业利润减少，经济效益下降。同时，若经常发生安全事故，还会造成施工人员精神、心理方面的间接损失，致使精力分散、情绪低落、工效下降,影响施工生产的顺利进行。

运用系统工程的思想和理论,在企业内开展全面安全管理工作是保证企业在施工生产中少出事故或不出事故的有力手段,是提高经济效益的重要途径。

二、施工生产的特点及对安全工作的影响

1.施工对象长、大、重。

2.流动性大,连续施工。随着施工生产的进行,工作面变换不定,施工条件随时在变化,不安全因素也不同,施工条件变化增加了施工难度。

3.危险性作业,重体力劳动。建筑施工常常在高空作业、高空临边作业、恶劣气候下作业,夏热冬冷,烈日暴晒,风吹雨淋。重体力劳动,体力消耗大,如果思想上稍有疏忽,安全措施不得力,就容易出问题。

4.临时工多,农民合同工多。这些临时工大部分来自农村,有自由散漫的习惯,且大多数春来冬回,有的又初次接触建筑施工,缺乏必要的安全教育和技术培训,安全意识和安全操作水平都很差,往往因无知、蛮干而造成伤亡事故。应把他们作为容易发生伤亡事故的主要对象来抓。

总之,施工现场任务多变,工作面上的差异很大,危险作业和不安全因素多,也不易控制。所以,在施工现场必须运用安全系统工程的原理和方法推行全面安全管理。把安全和生产看作是一个统一的整体,牢固树立安全第一、预防为主的观念以及施工必须安全,安全促进施工的观念。处理好人与人、人与机械、人与劳动对象以及人与自然的关系,综合运用各种知识,切实保证施工人员的安全和健康。

三、建立健全安全管理制度

建立健全安全管理制度,是安全管理体系落到实处的标志,是保证施工安全的最直接、最有力的措施和方法。通过建立健全安

全管理制度,可以直接规范职工的行为,激发全体职工安全生产的责任感和事业心,不断提高技术素质,胜任本岗位的安全操作。在施工中,一般要建立健全下列几种安全管理制度。

1.安全生产责任制度

安全生产责任制是指企业经理、书记到各科室人员、项目经理、书记、主管工程师到班组工人,每个人、每个环节对施工生产安全工作应负责任的规定。它是安全管理制度的核心。建立和落实安全生产责任制,就要求明确规定各级领导、管理干部、技术人员和工人在安全工作上的具体任务、责任和权利,以便把安全与施工在组织上统一起来,做到安全工作层层有分工,事事有人管,人人有责任。只有严格实行安全生产责任制,才能真正实现全面安全管理,才能使上至领导下至班组工人都明白该做什么,怎么做,做好工作的标准是什么,为搞好安全施工提供基本保障。

在施工中,项目长、队长、管理干部、班组长、工人,都应建立健全安全责任制度。项目部设立安全质量监察室,队设专职安全检查员,班组设兼职安全员,做到分工明确,责任到人。

2. 安全生产教育制度

安全教育是搞好安全工作最直接、是重要的基础工作,安全教育工作必须是全员的、全方位的、经常性的。通过安全教育不断增强全体职工的安全意识,并掌握安全管理的方法和技术,使职工牢固树立安全第一,预防为主的观念,懂得安全施工是实现文明施工和提高经济效益的重要手段。同时,认识到安全施工不仅仅是哪一个人的私事,而是与社会、企业、自身与他人的家庭幸福紧密相关的大事,是只能做好,不能做坏的。在施工中要坚持下列安全生产教育制度:

(1) 对新工人贯彻企业、队、班(组)三级安全教育制度,以师带徒,包教包会。

(2) 对变换工种、变动工序以及初次参加施工的同志, 要组织学习施工安全措施和操作规程。

（3）坚持每周不少于两小时的安全学习以及安全日活动，坚持开展安全管理 QC 小组活动，安全技术员等要上安全技术课。

（4）对各级领导管理干部及特殊工种的工人要进行特殊的安全教育，并坚持考核。考试合格，发给安全合格证，方能指挥施工和上岗操作。

3. 安全技术措施制度

安全技术是为控制和消除施工过程中心的心理因素，防止发生安全事故而研究和应用的技术。坚持安全措施制度，可以使参加施工的技术人员、管理干部和工人，明确所担负工程的特点、安全技术要求、相应的安全技术规范及安全技术劳动保护措施。在施工中要做到以下两点：

（1）项目部在编制施工组织设计、制订施工方案时，必须编制施工安全技术措施，对重点项目及冬季、雨季、大风以及特殊条件下的施工，重点制订安全技术方案。对操作人员和周围设施提出具体的安全要求，对机械设备的具体操纵，使用方法，对特殊材料（如有毒、易燃、易爆等材料）的使用及保管方法，提出具体安全要求，制定具体措施。

（2）安全技术措施编制完成后，应逐级审批，并逐级向安全操作人员技术交底。安全技术交底要与施工技术交底同时进行，交底时要结合具体操作部位，明确关键部位的安全生产工作要点、操作方法及注意事项，对关键工序、部位、新技术等应反复、细致地向班组交底。以明确施工生产的技术要求及安全生产要点，做到心中有数，同时增强安全生产的法制观念。无安全技术措施和安全交底时，不得进行施工，并要据施工情况的变化，不断修改和完善安全技术措施。

4. 安全生产检查制度

安全检查是识别和发现不安全因素，揭示或消除事故隐患，督促加强防护措施，预防事故的重要手段。通过安全检查，可以增强广大职工的安全意识，促进企业对劳动保护和安全生产方针、政策、制度的贯彻与落实，解决施工中存在的安全问题，还可以通过相互检查，相互学习，交流经验，取长补短，使安全工作迈上新台阶。所以必须建立健全安全检查制度，在制度中应对安全检查的范围、内容、检查时间、组织领导及检查出来的问题如何处理等作出具体规定。安全检查制度可以分为定期检查制度和非定期检查制度。定期检查依据企业安全委员会指定的日期周期地进行安全大检查，一般企业每季一次，项目部每月一次，施工队半月一次，班组每日进行安全检查。检查时领导带队，组织有关人员参加，发现问题填入安全、质量大检查记录，记录中除注明问题外还必须填写改进人、改进日期、监督人等内容，重大问题要发安全通知书和指令书。检查结束后，要做出评语和总结。

不定期检查是指据客观因素的变化，在施工过程关键时期、关键部位进行临时抽查，确保关键时期安全施工，主要有施工准备工作安全检查、季节性安全检查、节假日前后的安全检查等。

5. 伤亡事故处理制度

伤亡事故处理制度包括以下内容：伤亡事故报告制度、伤亡事故调查制度、伤亡事故处理制度、伤亡事故分析制度。

（1）发现伤亡事故后，负伤人或最先发现事故的人应立即报告领导，企业对受伤工人歇工满一个工作日以上的，要填写伤亡事故登记表，并及时上报。凡发生重伤或重大伤亡事故，应立即将事故情况，包括伤亡人数，发生事故的地点、时间、原因等，用快速方法分别报告主管部门和当地劳动、公安、工会等。发生重大伤亡事故，各有关部门接到报告后，应立即转报各自的上级管理部门。

（2）伤亡事故调查制度

事故发生后，现场人员不要惊慌失措，要立即有组织、有指挥地先抢救出伤员和竭力排除险情，制止事故蔓延扩大，同时为了便于事故的调查分析，要积极认真保护好现场。接到事故报告后的单位领导人，要立即赶赴现场，组织指挥抢救，并迅速组织调查组开展调查。对于重大及以上事故的调查，应由企业主管部门领导人或人民政府指派的领导人负责，由当地劳动、公安、工会派员参加，还应包括企业领导人和有关部门人员，但涉及或可能涉及的事故责任人不得参加。调查组必须对事故现场进行及时、全面、细致、客观的调查，并作好笔录，现场拍照和现场绘图。在充分调查的基础上，查明事故发生经过，弄清事故发生的真正原因，包括人、物、生产管理和技术管理方面的各种因素，从而确定事故的性质和责任。

（3）伤亡事故处理制度

对伤亡事故的处理，必须坚持"三不放过"原则，提出事故处理的意见和今后防止类似事故再次发生的措施。首先写出调查报告，把事故发生的经过、原因、责任分析、处理意见，以及事故的教训和改进工作建议写成书面报告，经调查组织全体人员签字后报批。事故调查处理的书面报告报出时间应不超出事故发生后的 20 天，特大伤亡事故不得超过事故发生后的 30 天。若遇特殊情况，经审批机关同意后，可适当延长时间。

事故调查处理报告报出后，应经有关机关的审批方能结案，具体办法应据《工人职员伤亡事故报告程序》的规定办理。对事故责任者的处理，应据情节轻重和损失大小，分别给予应得的处分，触犯刑律的，应提请司法机关依法惩处。还要把事故调查处理的文件、图纸、照片、资料等，长期完整地保存起来，因为这些事故的教训，是用鲜血换来的宝贵财富，而这些财富是研究改进措施，进行安全教育，开展科学研究最难得最宝贵的资料，故必须建立档案把它记录下来。

（4）伤亡事故分析制度

伤亡事故具有因果性、突然性、必然性和规律性，还具有潜在性、再现性和预测性。事故分析就是研究事故的这些特点，分析事故产生的原因，产生的规律，并据此提出对策，做好预测、预报、预防，最终达到减少或消灭事故的目的。

分析时，收集的资料必须准确可靠，整理资料时，必须进行科学的分类和汇总，统计的图表必须清晰明了，便于分析比较。常用的办法有：统计表法、图表分析法和系统安全分析法。通过分析可以及时反映施工生产安全状况和职工伤亡情况，为各级领导指挥生产、制定计划、作出决策提供依据，便于比较各单位安全生产工作水平，为安全管理提供科学依据，还可以为科研、设计、施工、教育提供基础资料，指明方向。

6. 施工队伍搬迁建点安全制度

施工队伍搬迁前，要制订搬迁安全措施，主要内容为：加强组织纪律和拆迁临时工程及机电设备的安全要求，装卸车辆、机械解体、运输及乘车中的安全注意事项。建点施工前，要做好驻地和施工现场周围的调查，对影响施工的障碍和设施，要与主管单位协商解决，不得擅自处理，杜绝在施工中发生不应有的损失。临近铁路和公路的地方，在工人上下班时，应设立人行道口，并设醒目的安全标志，防止人身和车辆事故发生。

7. 职工劳动保护用品发放管理制度

在制度中应对各工种的劳动保护用品发放时间、使用时间、质量、损坏赔偿等做出决定。

除上述各种安全管理制度外，还应制定干部值班制度、危险作业审批制度、节假日安全工作制度、保健用品发放标准、因工特殊待遇问题的规定、安全生产奖惩方法等。规章制度的制定应坚持群众路线，采用领导和群众相结合共同制定的办法。安全管理制度一经通过、批准和公布，就成为施工法规。在法规面前，人人平等，不论职位高低，任何人都必须严格执行，从而保护自己和他人的安全和健康，实现安全施工。

四、各主要分部分项工程的安全措施

（一）土石方工程施工安全措施

1．土石方施工前要做好调查研究工作

土石方施工前，应做好必要的地质、水文和地下设备（如水管、电缆、煤气管等）的调查和勘察工作，以此来制定土石方开挖方案。挖基坑、井坑时，发现不能辨认的物品，应立即报告上级处理。在深坑、深井内作业时，应采取通风和测毒的措施。

2．挖土方应从上而下分层进行

挖土方应从上而下分层进行，禁止采用挖空底脚的操作方法。挖基坑、沟槽、井坑时，应视土质、湿度、开挖深度设置安全边坡或者固壁支撑。在沟、坑边堆放泥土、材料，至少要距离坑边 80 cm，高度不超过 1.5 m，对边坡和支撑应随时检查。

3．所放边坡大小要适当

边坡放得太大，会增加开支；边坡放得太小，又会造成塌方事故。所以，边坡坡度应根据开挖深度、土质、地下水的实况，按《土方和爆破工程施工及验收规范》的规定采用。

4．防止坑边坠物伤人

开挖工程应设置挡板，以防边坡上的危石、土块掉落伤人。有时还应设置警告标志、监管人员或信号人员，夜间施工在工区还应设信号灯以保证作业安全。

5．必要时需进行固壁支撑

在开挖基坑时，如根据工程需要挖成陡直坑壁，就需要采用固壁支撑，或浇灌钢筋混凝土护壁。深基槽或地沟的开挖如呈陡直沟壁，也需采用固壁支撑。在使用固壁支撑时，应注意下列事项：基坑（槽）、地沟的固壁支撑应随时检查，如发现有裂缝、落土或支撑断裂时，应立即采取安全措施，在确认安全后才能继续施工；在基坑、基槽、地沟的边缘，不得安放机械或铺设轨道、通行车辆，以防受力过大而塌方，必须安放机械或通行车辆

时，要采取妥善的加固措施；拆除固壁支撑时，应自下而上进行，更换支撑时应先装新的，再拆旧的；在有塌方危险时，可保留一些支撑；深基坑、基槽、地沟内施工时，要设置供人上下的安全爬梯，不得攀登固壁上下；在夜间还要有足够的照明。

6. 爆破工程要事先制定作业方案

爆破作业在建筑施工中主要应用于土石方的开挖、各种深基深井的开挖、拆除旧建筑物和旧设备基础等。由于建筑施工多在城市、厂矿附近进行，这些地点建筑物、人员、交通道路、车辆、厂矿的各类设备等非常密集，稍有疏忽，即可造成人员伤亡，或使建筑物、设备等遭到破坏。所以，爆破施工前，爆破工程技术人员先要制订爆破施工方案，确定严密的安全技术措施，根据企业及地方政府有关爆破的规定，经过一定的审批手续，然后才能施工，爆破方案制定后，要从爆破材料的领用、运输、存放、加工以及爆破作业时的操作、警戒、盲炮的预防和处理等方面切实做好安全工作。

（二）脚手架施工安全措施

脚手架是支承高空操作台的构架，是建筑工程中不可缺少的临时设施，以供工人操作、堆置材料。脚手架按用途的不同可分为外脚手、内脚手、吊架、挑架、井架等。脚手架可用钢管、木、竹等材料搭设。脚手架在搭设和使用时，必须安全可靠，防止事故发生。

有关脚手架搭设宽度、脚手杆的间距、材料的选用等方面的要求，在国务院颁发的《建筑安装工程安全技术规程》中已做了明确的规定。另外，在脚手架的搭设和拆除、使用和维护等方面，还必须做好安全工作。

在搭设和拆除脚手架时要注意以下几个方面：

1. 主杆的底端埋入地下深度，应不小于 50 cm；底部要垫实，杆的周围要夯实，以防下沉；遇松散土或无法挖坑的地方，必须在底部垫上扫地板或绑上扫地杆。

2．脚手架必须设斜撑杆和抛撑杆，并同建筑物联接牢靠。

3．脚手架要坚固，符合标准，不允许有探头板，搁置要平稳。

4．脚手架搭好后，外档露出的多余部分，要及时锯掉，并在端头设置标志，防止车辆通过时碰撞。

5．三层及以上的架子必须设 1 m 高的护身栏杆，以防人从高处摔下。

6．供运输混凝土用的斜道板要结实，两头须钉牢，下面每隔 1.5 m 处加横楞顶撑。3 m 以上高处的斜道板要设防护栏杆，道板要经常检查和清扫。脚手板、斜道板和跳板要采取防滑措施，板上雨水、积雪应及时清扫。

7．在搭设和拆除脚手架时，如果脚手板、木杆尚未扎牢，或已拆开绑扣，不得中途停止，同时要围好施工现场，做好防护措施。

8．在金属结构的脚手架上设电力线或电动机具时，须有良好的绝缘措施，以防作业人员触电。

脚手架在施工过程中要注意以下几方面：

1．脚手架上堆放的材料必须整齐平稳，不要过载。按规定，砌筑用脚手架的使用荷载为每平方米不超过 270 kg，当堆放标准砖时，不得超过 3 层。

2．登高作业上下时，都应从规定的梯子或斜道走，不能沿脚手架上下攀登或爬绳索。

3．在脚手架上进行各层作业时，上下作业的位置要岔开，或铺设安全防护挡板，把几层作业面隔开。

4．不得在脚手架上使用梯子或其他类型的工具来增加高度。

(三) 起重吊装安全措施

起重吊装是高层建筑施工中一项必不可少的作业，是施工现场进行材料、设备垂直、水平运输和构件、设备安装的重要手段。由于起重吊装作业容易造成伤害事故，因此在施工中应对安全工作予以高度重视。

起重吊装作业前,有关工程技术人员或施工负责人应先查明现场情况,根据吊物的最大重量、形状、尺寸和起重高度,选定吊装方法、吊装机械和吊具,编制吊装施工方案,并针对性地做出可靠的安全技术措施,且应向全体作业人员进行安全交底。吊装开始以前,还要进行一次详细的检查,检查的重点是:使用的起重机械是否与方案选定的一致;起重机械轨道、地基或地面是否合乎吊装的安全要求;起重机械本身如钢丝绳、滑轮、卷扬机等是否处于完好状态;绳卡是否牢固;各种安全装置和设施是否齐全、可靠;风力、光线等是否能保证吊装的安全等。经检查确认无误后,则可以进行试吊,试吊无异常现象,才能正式投入吊装工作。

吊装作业必须设专人指挥。指挥人员必须经过专门的安全技术培训并持有安全技术操作合格证,要熟悉该起重机械性能,清楚起吊物的最大重量,能熟练地使用各种指挥信号,熟悉起重吊装的安全知识。指挥人员在进行吊装作业指挥时,不得使用一种信号指挥,要做到口语同旗语或口笛与手势配合;要注意吊装作业区域内环境、条件情况及其变化;要注意与吊车司机密切配合,思想高度集中,特别是用多台吊装机械同吊一重物时,更要做到相互配合、协调。

在吊装作业中,遇有下列情况时,不得进行吊装作业:斜吊或斜拽;无专人指挥或指挥信号不明;挂钩不当;物体有尖锐楞角未垫好;起吊物的重量不明或超过吊车的负荷;起重机械本身有缺陷或安全装置失灵;吊杆下及吊物转动范围内的下方站有人;光线阴暗,视物不清;吊杆与高压线未保持应有的距离;人站在吊物上或起吊物下。

吊车行进或吊装作业时,起重机械的臂架和起重物件必须分离,低压架空输电线路保持一定的安全距离。如遇雨天或雾天时,安全距离还要适当放大。

如因条件有限不能满足要求时,要与有关部门共同研究。采取其他安全保护措施后方可进行作业。

（四）桩基工程安全措施

桩基分为灌注桩和预制桩，在高层建筑施工中应用广泛。由于桩基工程施工时，地下条件复杂，施工环境差，施工方法多种多样，施工技术复杂，工程质量要求高，所以，在进行桩基工程施工时，须特别注意安全管理。

1. 灌注桩施工

（1）作业前，须先检查钻机等机具是否处于完好状态，支垫是否稳固。

（2）冲击钻起吊应平稳，防止冲撞护筒和孔壁；进出孔口时，严禁孔口附近站人，防止发生锥头撞击伤害事故；因故停钻时，孔口应加盖保护并严禁锥头留在孔内，以防发生埋钻。

（3）钻塔（架）不可进行超负起吊，如处理钻孔事故确需超负荷工作时，必须采取相应措施。

（4）施工现场夜间施工应有足够的照明，停钻时隔钻孔应加防护盖，各种砂浆循环池周围应安装防护栏杆。

（5）在钻孔过程中，如发现机架剧烈摇晃、电钻上浮、电缆及进浆胶管下沉速度增快等异常现象时，应立即停钻，查明原因，采取措施，及时处理。

（6）采用汽锤钻孔时，制动环钢丝绳要经常检查，蒸汽管道应用草绳包扎好，以防烫伤人。

（7）采用人工挖孔桩时，井桩一般应采用护壁措施施工，只有当桩孔深度较浅，土质坚硬稳定，安全有绝对保证时方可无护壁施工。桩孔上下通讯联络要规定统一信号，桩孔底下有人操作时，桩孔上面人员不得撤离。

（8）桩孔底部操作人员必须戴安全帽，人工挖土应按规定分段挖除。如土质与地质报告不符时，应停止挖土并立即报告工程负责人。运输容器装土石不可太满，防止土石掉落伤人。

（9）在有腐植土、泥碳层等地层中或在深桩孔中施工时，必须采用机械强制通风措施，保证操作人员能呼吸到新鲜空气，以防止发生气体中毒或中暑事故，必要时还应准备急救措施。

2．预制桩施工

（1）打桩前操作人员必须充分了解打桩设备、桩锤性能和构造、操作规程和注意事项。作业过程中如发现异常之处，应及时停机处理。

（2）起桩时，桩架龙门前严禁站人，待桩起吊垂直后方可进入操作；严禁起桩时移动桩架。

（3）运桩平车严禁乘人，有人跟车时应离开平车 1.5 m，平车运行到位时，应将车轮楔住，防止滑动。

（4）6 级以上大风应停止打桩，塔式桩机应用 2 根以上缆风绳与地锚固定。冬季施工应注意清扫桩台、脚手、爬梯上凝霜和积雪，以防人员跌滑；使用汽锤时，非工作时间应通以少量蒸汽进行保温维护，使用柴油锤时必须将冷却水放尽，以防冻坏桩锤和管件。

（五）钢筋混凝土工程安全措施

在建筑施工中，钢筋混凝土工程占有相当大的工程量。钢筋混凝土通常分为模板工程、钢筋工程和混凝土工程三部分，是由多工种、多工序来完成的。随着施工作业机械化程度的不断提高，钢筋混凝土工程的新工艺、新技术、新材料不断出现，其安全管理也需不断创新和加强。

1．模板工程

（1）施工现场常用的制模加工机具有圆锯机、刨木机、锉锯砂轮机及专用手持电动木工机具，操作这些机具时，必须严格执行安全规程。

（2）安装模板时，模板系统必须与脚手架脱开；模板系统未形成稳定结构前不得上人踩踏或承重。

（3）在坑槽内支模时，应检查土石边坡是否稳定，有无塌方滚石危险。地面距坑槽 1 m 范围内不应堆放模板用料，以防坠物伤人。往深 3 m 以上坑槽内送料时，要用溜槽或绳索吊运，人员上下应设专用梯子。

（4）支模人员作业时，使用的工具、连接件等必须放在工具袋或箱、盒、筐内，不准丢放在模板或脚手架上。装拆模板时，上下应有人接应，严禁从高处下抛。不准用钢模板做脚手板铺路、垫物。若支模中途间歇，应将模板系统的支撑、搭头、模板等固定好。模板上的预留孔洞必须加盖。安装烟囱、水塔、框架、圈梁等构筑物的周边，必须有防坠落的安全措施。

（5）拆模时操作人员应选位站在安全位置，应有足够的操作面避让处，不得站在正在拆除模板的支撑上操作。多人协同拆模要有统一信号和指挥。拆除模板不要硬撬硬砸或强力震敲，禁止采取大面积同时撬落或整体拉倒模板的办法，对明显已松动的模板，拆除其支撑时要防止模板自行脱落。

（6）拆模中途间歇时，要注意将已拆活动的模板、牵杠、支撑妥善处理，防止因人员扶空、踩空而发生坠落或物体打击事故。对木模上的钉子应预处理或暂时将钉头朝下放置，以免扎钉伤人。对混凝土上的较大预留孔洞，在拆模后必须随即盖好或加栏护。拼装钢模的整体拆除，应先锁好吊环、拴好吊索，然后才能拆除斜撑和连结两块拼装板的连杆、U 型卡及 L 型插销。

2．钢筋工程

（1）在对钢筋进行除锈、调直、切断、弯曲、焊接、镦头、冷拉、冷拔等冷加工时，应先检查加工机具是否处于完好状态。在操作过程中必须严格遵守各工序的操作规程。

（2）绑扎钢筋时，操作扎钩的扭力要适度，一般紧绕铁丝拧转两圈半即可。扎紧后的铁丝尖头应朝下方或内向，以防刺伤人。人工弯曲钢筋时，起弯用力要慢、稳，不要过猛，防止扳脱和人员摔跤，并尽量避免在高空扳弯粗钢筋。

（3）多人抬运长的钢筋或钢筋骨架及网片时，要注意周围环境，前后照应，协调一致，防止抬运中冲撞或触及电气设备。不准多人抬着钢筋在墙足行走。

（4）垂直吊运成捆钢筋时应将钢筋理顺整齐，长短分开捆紧，防止钢筋松滑坠落。吊运预制钢筋骨架网片时，应正确选择吊点系结吊索，不能任其在空中乱摆动，防止骨架网片变形、坠落、钩挂脚手架或电线。若用架子车吊运钢筋，必须将钢筋与车绑牢。

（5）现浇钢筋混凝土柱、梁的钢筋，应尽量采用先预制绑扎后安装的方法，以减少高空作业。高处绑扎钢筋应有上下人梯，不准站在柱子箍筋上绑扎。绑扎圈梁、挑檐、边柱及建筑体临边外檐的钢筋时，应搭设脚手架、张挂安全网，作业人员还必须拴挂安全带。

（6）绑扎钢筋应先对作业环境的安全状态进行检查，查看跳板、模板支撑是否牢固可靠。在高处作业时，不允许让在模板或墙上操作。在已扎好的钢筋骨架网片上不准走踩，并禁止在楼板、挑檐、平台、雨篷、阳台等的钢筋网片上踩踏，以防钢筋变位造成坍塌质量事故。

（7）操作人员不得攀登钢筋上下。混凝土未达到一定强度之前，不准接绑上部钢筋。在模板或脚手架上堆放钢筋不要超负荷。在深坑下或较密的钢筋中绑扎钢筋时，照明电源应用低压并禁止将高压电线拴挂在钢筋上。立体交叉作业，电弧焊接与绑扎钢筋作业竖向位置应相互错开，防止火花溅落灼伤人。

3．混凝土工程

（1）在拌制混凝土时，为减少水泥粉尘飞散，保证搅拌质量，宜选用滚筒式搅拌机。少量混凝土可以采用人工拌合，但要注意避免铁锹伤人。

（2）在使用外加剂时，必须注意其适用与禁用范围、限量及掺配工艺，否则有可能导致质量事故或造成人体伤害。对此，应严格遵循施工技术规范，并做好个人防护工作。

（3）浇筑混凝土时，操作平台上铺板要密实防滑，操作平台和吊栏四周必须满挂拴牢安全网，平台护身栏杆高度不得低于1.2m。操作平台应保持整洁，残留的混凝土、拆下的模板和其他材料工具应加强清理。

（4）施工人员上下应有专门提升罐笼装置或专用行人坡道，不准用临时直梯。垂直提升装置必须设高度限位器，载人罐笼还必须有安全抱闸。操作平台上、起重卷扬机房、信号控制点和测量观测点等之间的通讯指挥信号必须明显可靠。

（5）采用泵送混凝土时，输送管的各接头联结必须紧固。泵送时，输送管下不得站人，防止因脱扣造成高压喷料伤人。输送管的布置宜直，转弯宜缓。垂直立管要固定牢靠。

（六）砌筑工程安全措施

1．砌墙时，每个工班的砌筑高度不得超过1.8m，砖柱和独立构筑物的砌筑高度，每个工班也不得超过1.8m，冬季施工更要严格控制一次砌筑高度。

2．毛石、片石、条石的砌筑，要注意石方搬运，防止砸伤、碰伤。注意石方砌筑方法，防止塌方。对石方加工凿面时要戴防护眼罩，防止石渣石屑飞溅伤害眼睛或皮肤。

3．一切砌筑作业，不得勉强在高度超过胸部以上墙体上进行，以免将墙碰撞倒塌或失稳坠落或砌块失手掉下造成事故。

4．不准站在墙体上划线、刮缝、清扫或检查大角垂直度等工作和在墙顶上面行走。

5．在脚手架上操作，不准向墙外砍砖或修凿石料。同一脚手板1m长度内不准同时有两人操作。用里脚手架砌筑时，其脚手板操作面不得超过砌体高度，一般应低于20cm。墙外要伸支2～4m宽的安全网。如临街面、人行道或居民区时，应搭设牢固的防护棚。

6. 在传递砖块时，不准抛掷。施工人员所站各层脚手板宽度应不小于 50～60 cm，在 3 m 以上单独悬空接递材料时要挂好安全带。垂直方向不准双层交叉作业。冬季施工要采取防冻防滑措施，及时清扫脚手架上的冰冻积雪。

7. 用塔吊、龙门架垂直运输砌块时，要遵守使用塔吊、龙门架的有关安全规程。班前应对所使用的各种设备、吊具、工具进行检查，确认无误后方可使用。要有防止掉落砖头和砌块的措施，如吊篮四周应有围栏，吊运物件不准碰撞、挂扯脚手架和砌好的砌体。

8. 禁止在刚施工不久的楼板上大批堆放材料。在吊运安装大型板块构件时，要防止撞击楼板和已安装好的砌块。吊装砌块在未完全固定好之前不准松解吊具。吊装场地周围要设置警戒区域。要有专人指挥，注意不得触及电源线和其他建筑物。

9. 平地运输砌块、材料时，使用人力推车平道上前后距离要大于 2 m，坡道上要大于 10 m。装取成垛材料时要防止垛倒伤人。人工搬运砌块、材料时，要使用专用夹具，码垛时要防止挤手，堆码要整齐，砖垛高度一般不超过 1.5 m，距离沟槽或基础坑边缘要大于 1 m。

（七）装饰工程安全措施

1. 搅拌水泥砂浆时应尽量采取封闭式进质，操作人员要穿好防护服，戴口罩和手套，穿胶鞋。洗淋石灰时要穿戴防护服、戴护目镜、口罩，穿胶鞋。

2. 应尽量避免垂直立体交叉作业。高层建筑施工进行外装饰工程时，脚手架外侧要满挂竖向安全网，水平方向随作业面升高，其下方必须始终保持有两道水平安全网，并满铺脚手架。

3. 单独悬空修补作业，在用吊、挑架时，对吊架、挑架的搭设要进行专门的设计计算。安全防护要可靠，安全系数要在一般架子的 2 倍以上。不准将起重设备做吊装（吊篮）使用，也不准把操作架或吊篮挂在吊车的吊臂上。

4. 使用各种瓷砖、大理石板等装饰面层，加工切割石板时，不要两人面对面作业，尤其在使用切砖机、磨砖机、锯片机时，要防止锯片破碎飞出伤人。手持加工件更要注意不要碰伤手指。磨砖机要安装防尘装置。

5. 进行墙面喷涂及各种涂料施工时，要检查喷涂机械、工具是否良好，如果发生堵塞，不得面对喷口修理，防止突然喷出伤害眼睛和面部。对有毒涂料要采取防护措施，易燃材料要注意防火，腐蚀有刺激性的材料要注意保管和使用方法，并穿戴好防护用品及口罩和护目镜保护眼睛、呼吸道及皮肤。

6. 砌嵌大块大理石板时，要嵌砌牢固、支撑稳定后才能继续施工，防止松动坠落伤人。铺砌大理石等光面易滑板材地面时，防止水湿、面滑跌倒摔伤。地面打蜡磨光后要有防滑措施。

7. 人工搬运磁片(包括马赛克、瓷砖等)及大理石等散状板块材料，要力所能及，上举下传要整件传递，捆绑要牢固可靠，防止松散掉落。装运各种液体涂料不要超过容器容量的 3/4，以防泼撒。脚手架上堆放有毒、易燃材料时，要摆放稳妥，防止他人碰动和拌倒，不准非工种人员乱拿乱用。剩余材料要及时清理回收，防止造成污染或其他事故。

8. 在涂刷或喷涂有毒涂料时，必须戴防毒口罩和密封式防护眼镜，穿好工作服，扎好领口、袖口、裤腿等处，皮肤不得裸露，特别是用含铅、苯、乙烯、铝粉等涂料喷刷时，要注意防止铅、苯的中毒。

9. 在喷涂硝基漆或其他具有挥发性、易燃性溶剂稀释的涂料时，不准使用明火，不准吸烟。为防止静电引起事故，罐体或喷漆作业机械应安装导电接地装置。涂刷大面积场地（或室内）时，照明和电气设备必须执行防爆等级规定。

10. 操作人员如果感到头痛、头昏、心悸或恶心时，应立即离开工作岗位到通风处换气。如仍不舒畅，应去医院治疗。

11. 油漆及稀释剂应设专人保管。油漆涂料凝结时，不准用火烤。易燃性原材料应隔离贮存。易挥发原材料要用密封好的容器贮存。油漆仓库通风性能要良好，库内温度不得过高。仓库建筑要符合国家防火等级规定。

12. 玻璃开箱时要注意破碎玻璃割手。搬运玻璃要戴好手套，用专用夹具或吸盘式手持工具，不要赤手作业。剩余边角余料要及时清理归堆装入木箱保存，防止伤害他人。

13. 安装玻璃时，根据施工作业条件要采取不同的防护措施。安装玻璃用的小钉等小铁件，应放在工具袋内，小钉不要含在口里，以防意外掉入口腔造成伤害。

（八）卷材防水工程安全措施

沥青卷材施工多属高温作业，工作地点又多在高处或地下沟槽。沥青具有一定的毒性。无论是熬制沥青，还是铺设卷材或拆除旧卷材，对施工人员都有直接影响。因此，必须采取有效的防护措施，防止灼烫伤、中毒、坠落及火灾事故。

1. 对施工人员应提供合格的安全设施和防护用品，并应定期进行身体检查，凡患有皮肤病、支气管炎、眼病及沥青刺激过敏的人员，不得参加沥青作业。操作人员不得赤脚、穿短袖衣服和短裤作业。作业时应将袖口、裤脚扎好，手脚及皮肤不得直接接触沥青。

2. 熬沥青的锅灶必须与周围的构筑物保持一定的距离，一般地，应离开建筑物 10 m 以上，离开竹木结构工棚 20 m 以上，离开易燃品仓库 25 m 以上。炉灶的上空不得有电源线，地下 5 m 以内不得有电缆。炉灶要设置在建筑物和施工的下风处，不准设置在居民区。炉灶要搭设防雨棚，附近不得堆放易燃物品和油类。同时，炉灶附近应备有防火器材，如灭火器、砂箱等，还要备有锅盖。一旦发生沥青着火，可用锅盖或钢板封盖油锅，切断鼓风机电源熄灭炉火，着火时禁止用水灭火。

3. 在砌筑熬制沥青的炉灶时，不得有漏缝，锅口要高出炉台一定高度,炉口(火口处)与锅之间应砌一道 50 cm 以上的防火墙。

4. 熬制前,锅内不得有存水和其他杂物,所使用的沥青含水量也不要过大,防止加热膨胀溢出锅外。装入锅内的沥青不要超过容量的 2/3,加入块状沥青时不准抛掷,以防溅出热沥青烫伤人。

5. 熬制桶装沥青时,应先将桶盖打开,桶横卧,桶口朝上,由桶口向桶底慢慢加热。用钢钎撬桶口时,人要站在桶的侧面,不许面对桶口。

6. 熬制沥青应由有经验的工人负责,并严守岗位和操作规程。随时注意温度变化。沥青脱水后,应慢火升温。当沥青熬到由冒白烟转为很浓的黄红烟时,即有着火的危险,应立即停火。

7. 熬制冷底子油,禁止用铁棒搅拌。同时要严格掌握沥青温度变化,不得升温过快。当发现冒出大量蓝色烟雾时,应暂停加热。配制和贮存冷底子油的场地要严禁烟火,并不准在附近进行电焊和气焊作业。

8. 在坡度较大的屋面上施工时,应设置防滑设施,檐口处应有防护栏杆。施工到檐口时下方不得有人站立、行走或停留。在深坑或地下室施工,上下通道要平稳可靠,夏季施工要考虑室内通风换气。

9. 浇油和铺卷材的人员应保持一定距离,以防沥青飞溅伤人。操作时如果感到头痛或头晕恶心,应立即停止工作,进行治疗。

10. 拆除旧沥青卷材应戴好防护眼镜和口罩,敷上防沥青油膏。如用铲子铲除时,不要面对拆除物操作,以防飞溅的粉碎沥青刺激皮肤,导致感染中毒。特别在铲除焦煤沥青时更要注意。

11. 运输热沥青的桶、壶等容器,应由铁皮咬口制成,不得用锡焊制品。装入量不得超过容量的 3/4,严禁装满,防止溢出或荡出伤人。一般不允许两人抬运。要注意运输路线上的障碍物，能清理移升的尽量清除，并防止人、物的碰撞。有坡度的地方应有防滑措施，如穿防滑鞋、设防滑梯等。运油的人应穿戴好防护用品。

五、现场安全事故的应急措施

加强现场安全事故处理的准备工作，是减少安全事故损失的有效手段。

1. 施工现场应重视与有关单位的联系，了解附近医疗单位、消防单位、公安部门、交通部门、电力部门、燃气部门以及街道派出所的电话、地址，以便发现情况及时联系。

2. 普及现场急救常识、重视救护物品的准备，如备用急救物品的准备、存放、检查、定期检查和更换消防器材、准备各种安全防护用具等。

3. 加强现场安全事故应急处理的培训以及灭火知识教育，严格保护事故现场，隔离和切断危险源（如电源、火源等）的正确方法的培训，可以有效地控制事故的蔓延。

第二节　施工质量管理

一、质量的概念

人类社会的发展，使现代社会的人们生活在"质量大堤"的后面，质量对社会的各个方面都有着深远的影响，"质量大堤"的安危关系着人类和社会的安危。随着生产的发展，质量的概念也是不断变化和发展的。质量概念的发展大致经历了如下三个阶段：

第一，相对于产品质量检验阶段而形成的狭义的质量概念。狭义的质量是指产品与特定技术标准符合的程度。这是一个静止的概念，是指活动或过程的结果——产品的特性与固定的、死的质量标准是否相符合及符合的程度。据此可将产品划分为合格品与不合格品或者一、二、三等品。

第二，相对于全面质量管理阶段而形成的广义的质量概念。

广义的质量是指产品或服务满足用户需要的程度。这是一个动态的概念。它不仅包括有形的产品，还包括无形的服务，不再是与标准对比，而是用活的用户的要求去衡量，它不仅指结果的质量——产品质量；而且包括过程质量——工序质量和工作质量。

第三，国际标准化组织为了规范全球范围内的质量管理活动，而颁布了《质量管理和质量保证——术语》即 ISO 8402:1994。其中对质量的定义是：反映实体满足明确和隐含需要的能力的特征总和。

对于施工企业和建设项目质量管理活动而言，我们除了全面地理解上述关于质量的概念外，还必须对工程质量的概念有更深入更具体地把握。

1. 工程质量

也称工程实体质量，是指承建工程的使用价值，是工程满足社会需要所必须具备的质量特征。它体现在工程的性能、寿命、可靠性、安全性和经济性五个方面。

性能：是指对工程使用目的提出的要求，即对使用功能方面的要求。可从内在的和外观两个方面来区别，内在质量多表现在材料的化学成分、物理性能及力学特征等方面。

寿命：是指工程正常使用期限的长短。

可靠性：是指工程在使用寿命期限和规定的条件下完成工作任务能力的大小及耐久程度，是工程抵抗风化、有害侵蚀、腐蚀的能力。

安全性：建设工程在使用周期内的安全程度，是否对人体和周围环境造成危害。

经济性：是指效率、施工成本、使用费用、维修费用的高低，包括能否按合同要求，按期或提前竣工，工程能否提前交付使用，尽早发挥投资效益等。

上述质量特征，有的可以通过仪器测试，直接测量而得，如产品性能中的材料组成、物理力学性能、结构尺寸、垂直度、水平度，它们反映了工程的直接质量特征。在许多情况下，质量特性难以定量，且大多与时间有关，只有通过使用才能最终确定，如可靠性、安全性、经济性等。

所谓质量标准，就是规定施工产品质量特性必须达到的要求。它把反映工程质量特性的一系列技术参数和指标定量化，形成技术文件，作为衡量工程质量优劣的基本尺度。如《建筑安装工程施工及验收规范》、《建筑安装工程质量检验评定标准》、《铁路桥涵工程质量评定验收标准》等。这些质量标准，就是产品质量的定量表现，也是衡量建筑施工质量的客观标准。

2．工序质量

任何一个工程都由若干个分部分项工程组成，各分部分项工程又要分解为若干工序才能完成。各工序有先有后，只有各个工序都完成时，整个工程方能算竣工。

工序质量也称施工过程质量，指施工过程中劳力、机械设备、原材料、操作方法和施工环境等五大要素对工程质量的综合作用过程，也称生产过程中五大要素的综合质量。

在整个施工过程中，任何一个工序的质量存在问题，整个工程的质量都会受到影响，为了保证工程质量达到质量标准，必须对工序质量给予足够注意。必须掌握五大要素的变化与质量波动的内在联系，改善不利因素，及时控制质量波动，调整各要素间的相互关系，保证连续不断地生产合格产品。

工序质量可用工序能力和工序能力指数来表示，所谓工序能力是指工序在一定时间内处于控制状态下的实际加工能力。任何生产过程，产品质量特征值总是分散分布的。工序能力越高，产品质量特征值的分散程度越小；工序能力越低，产品质量特征值的分散程度越大。

3．工作质量

工作质量是指在施工中所必须进行的组织管理、技术运用、后勤保障等工作对产品达到质量标准的保证程度。废品率、返修率、一次交验合格率等都是反映工作质量的指标，工序质量是工作质量的具体体现。工作质量不像工程质量那样直观，难以定量。一般用各项工作对工程施工的保障程度来衡量，并通过工程质量的优劣、不合格产品的多少、生产效率的高低和企业的赢利等经济指标来间接反映。

工程质量、工序质量和工作质量，虽然含义不同但三者是密切联系的。工程质量是施工活动的最终结果，它取决于工序质量。工作质量则是工序质量的基础和保证，所以工程质量问题往往不是就工程质量而抓工程质量所能解决的，既要抓工程质量又要抓工作质量，必须提高工作质量来保证工序质量，从而保证工程质量。

二、质量管理及其发展

确定质量方针、目标和职责并在质量体系中通过诸如策划、质量控制、质量保证和质量改进使其实施的全部管理职能的所有活动就称为质量管理。

质量管理的发展，同科学技术与生产的发展，同管理科学化，管理现代化的发展是密不可分的。本世纪 20 年代前后，随着近代工业和科学技术的发展，人们开始有意识地系统地研究产品质量管理。总的说来，质量管理大致经历了如下几个阶段：

第一阶段为质量检验阶段（QC —— Quality Check）。

产生于本世纪 20～40 年代。其主要特点是全数检验和事后把关，针对于产品质量进行检验。将生产活动与检验活动分开，这是工业生产的一大进步，大大提高了产品质量。但是，单纯的质量检验有很多局限性。一方面，设计人员往往不管经济合理性而片面追求产品的技术性；另一方面，生产人员只管按技术标准加工，很少考虑控制和可靠问题；另外检验人员的工作只是单纯地把关。上述三方面工作的脱节，造成产品生产与检验信息中断，无法找出影响产品质量的原因，不利于产品质量的进一步提高。

第二阶段为统计质量控制阶段（SQC——Statistical Quality Control）。

本世纪 40～50 年代。其主要特点是统计方法的广泛应用，运用统计方法找出质量波动的规律，从而着眼于事中的控制。统计质量控制的对象由对产品质量的消极检验变为对工序质量的积极控制，由原先的事后把关变成了预先检查、控制，找出原因纠正错误，大大提高了产品质量，但是，由于人们过于强调数字的作用，忽视了有关的普及推广和组织管理工作，有些人误认为质量管理就是数理统计的方法，是统计学家的事，于自己无关，影响了质量管理工作的普及和推广。

第三阶段为全面质量管理阶段（TQM——Total Quality Management）。

早期称为 TQC——Total Quality Control，本世纪 60 年代以后兴起。全面质量管理认为数理统计方法只不过是质量管理的一种手段，单纯进行生产控制远远不能满足提高质量的要求，重要的是提高生产者的操作水平和质量意识，使人们关心质量，并积极地参与质量管理活动。产品质量形成于生产的各个阶段，质量管理必须拓宽工作范围。同时，质量是和成本联系在一起的，是指在一定条件下的高质量，离开经济追求质量是没有意义的。我们不能仅仅把质量管理作为一种方法，更重要的是应树立质量意识，把质量管理作为提高人员素质，提高工作水平的手段去抓。可见全面质量管理是质量管理思想方法上的一次革命。

第四阶段为质量管理与质量保证标准的形成与宣贯阶段。

质量检验、统计质量控制和全面质量管理三个阶段的质量管理理论和实践的发展，促使世界各发达国家和企业纷纷制订出新的国家标准和企业标准，以适应全面质量管理的需要。这样的做法虽然促进了质量管理水平的提高，却也出现了各种各样的不同标准。各国在质量管理术语、概念、质量保证要求、管理方式等方面都存在很大差异，这种状况显然不利于国际经济交往与合作的进一步发展。

近 30 年来国际化的市场经济迅速发展，国际间商品和资本的流动空前增长，国际间的经济合作、依赖和竞争日益增强，有些产品已超越国界形成国际范围的社会化大生产。特别是不少国家把提高进口商品质量作为限入奖出的保护手段，利用商品的非价格竞争因素设置关贸壁垒。为了解决国际间质量争端，消除和减少技术壁垒，有效地开展国际贸易，加强国际间技术合作，统一国际质量工作语言，制订共同遵守的国际规范，各国政府、企业和消费者都需要一套通用的、具有灵活性的国际质量保证模式。在总结发达国家质量工作经验的基础上，70 年代末，国际标准化组织着手制订国际通用的质量管理和质量保证标准。1980年 5 月国际标准化组织的质量保证技术委员会在加拿大应运而生。它通过总结各国质量管理经验，于 1987 年 3 月制订和颁布了 ISO 9000 质量管理及质量保证标准。此后又不断对它进行补充、完善。标准一经发布，相当多的国家和地区表示欢迎，纷纷等同或等效采用该标准，指导企业开展质量工作。

三、项目质量计划与施工组织设计的关系

ISO 9000 族标准提出的质量计划与施工组织设计相比较，既有相同地方，又各有特点。归纳起来，主要表现在以下几方面：

1. 对象一致

质量计划和施工组织设计都是针对某一具体的工程项目提出的。

2. 形式相同

二者均为文件形式。

3. 作用既相同又存在区别

质量计划按适用的质量体系环境可分为:外部质量保证和内部质量控制计划,后者用与非合同环境,这里不再讨论。施工组织设计原为企业内部指导项目施工的文件,与 ISO 9000 规定的项目质量计划内容和要求不完全相同。在明确这二点的前提下,可以认为:投标时企业向业主提供的施工组织设计与外部质量计划是相同的;施工期间企业编制的实施性的施工组织设计供内部使用,用于具体指导施工。质量计划的主要作用是向业主作出保证,综合上述分析,二者根据使用的环境不同,作用既相同又有区别。

4．编制原理不同

外部质量计划在编制原理上是以质量保证模式为基础,把一个工程项目作为一个独立的系统,对项目实施过程中,与项目承包合同要求有关的、影响工程质量的各环节进行控制,并以必要的手段、方法和合理的组织机构及合格人员予以保证。

施工组织设计则是从项目施工全面管理要求出发,对工程实施过程中,应重点作出规划的问题作出设计、计算,如:施工方案的选择、施工进度控制、各种需用量计划等,编制项目内部全面管理的指导文件。

5．在内容上各有侧重点

质量计划内容按其功能可分为五大块:

(1) 目的。明确本质量计划适用的工程项目和应达到的质量目标。

(2) 组织结构和人员培训。主要包括机构设置、领导职责、人员培训等内容,以保证项目组织结构合理,领导职责明确,所有与项目有关人员都曾经过培训,技术上合格。

(3) 采购。针对工程项目建设特点,这里采购应包括两层含义:一是,对物资的采购,包括材料、设备、构件与各种半成品的采购;二是,分包商的选择。对于总承包商而言,分包商完成的工程,广义上讲可作为总承包商采购的一种"半成品"。

（4）工程设计、施工控制。主要包括：设计控制、施工过程控制、搬运、贮存、包装和交付、检验和试验、安装、售后服务，不合格产品处置等内容。

（5）为保证质量活动有效进行的手段和方法。主要包括：文件管理、合同评审、质量审核、质量记录、统计技术等内容。

传统的施工组织设计建立在组织结构合理、职责明确、人员素质合格，各种材料、检测能力符合要求的基础上。因此，对GB/T 1900—ISO 9000 族标准中很多要素，如组织结构、人员培训、分包商选择、文件管理、合同评审、质量记录、统计技术等内容均没有涉及到。

综上所述，质量计划和施工组织设计内容和要求不同，既不能用施工组织设计代替质量计划，也不能用质量计划代替施工组织设计，应将二者有机结合起来。

四、施工现场质量小组活动

质量小组，在日本称为品质圈（Quality Circle），也可以称为质量管理小组或 QC 小组（Quality Control Circle），是指在生产或工作岗位上从事各种劳动的职工围绕企业的方针目标，运用质量管理的理论和方法，以改进质量（产品质量、工序质量、工作质量），提高经济效益为目的，组织起来、开展活动的小组。

我国的 QC 小组活动，是职工参加民主管理的新发展，是解决质量问题，提高企业素质的一种好形式，是保证和提高工程质量的一种有效手段。

质量小组建立起来以后，关键是抓好活动这一核心环节。活动要有一定的程序和方法，遵循科学的活动程序和方法，是尽快取得成果的必要条件和保证。质量小组的活动一般应按如下程序进行。

1．选择课题，确定目标值

质量小组活动必须有课题。课题要根据企业质量方针目标的要求,或施工现场存在的问题来确定,或根据用户(包括下道工序)提出的问题来确定。课题要有定量的目标值,一个课题完成后,如果继续进行活动,应选定新的课题或确定同一课题的更高目标值。

质量小组的选题,是质量小组永恒的主题,它体现本小组,乃至本企业有关人员关于质量管理的理论水平及分析、发现问题的能力。选题时应注意"小、实、活、新"这几个字。

"小"是说所选课题千万不能太大,要符合小组实际,尤其开始时,所选课题更要小一些,目标值不要定的太高,能通过较短时间的活动,如1～3个月内即能取得成效为宜,这样可以增强组员的活动兴趣和信心,不至于夭折。

"实"是指所选课题要紧紧联系现场活企业的实际情况,言之有物,有的放矢,有明确的目标,不能泛泛而谈。最忌空洞的口号式的题目。如有的质量小组的选题为:开展 QC 小组活动,确保各项任务完成。这就空洞,不实在,不具备实现的可能性。

"活"是指所选课题要灵活多样,避免程式化的题目。

"新"是指选题要有新意,要有特色。

2．分析存在问题

课题选定后,应对现状进行深入分析,找出存在的问题及主要问题。开展这一步活动时,必须恰当"使用工具",主要工具为排列图、直方图和统计分析表。一定要注意用数据说话。

3．找出产生问题的原因和主要原因

找出存在问题以后,小组成员要集思广益,正确使用"因果分析图",全面分析产生问题的原因,并确定主要原因。

第二、三步体现着小组成员有关质量管理基本知识尤其是对常用工具学习和掌握的程度。

4：制定对策

根据前几步对存在问题和原因的分析,制定出解决问题的具体措施,并落实到具体执行人,规定各项措施实施的期限。一般常制定一个"对策表"，对策表要做到：内容具体，措施得力，责任落实。

5．实施对策

按对策表所列计划认真付诸实施。群策群力按期完成任务。遇到问题可请上级协调或召开小组会研究解决，实施过程中可根据实施进度适当调整计划。这一步从理论上简单，但实际操作起来较难，也是能否取得成果的关键，必须坚持活动。一般要求是：周有活动、月有总结，活动有记录。

活动时间的安排可占用一部分工作时间，具体要根据工作需要。为提高活动效果，每次活动时间不宜过长，一般以 30 min 为宜，活动既要认真又要生动活泼。质量小组，如持续半年以上无活动应予注销。

6．检查实施效果

对策实施完毕后，要检查实施效果如何，是否达到了预期目标值，主要解决了哪些问题，还存在哪些问题。检查的结果要用数据说话。如未收到预期效果，就应总结、分析其原因，重新制定对策并实施。

该步活动要注意的是："重复用工具"，即第二、三步用了哪些工具，则该步骤再重复一次，看质量状况是否发生了变化，程度如何。这样的目的是为了增加对比性，检查对策的有效性。

7．总结、巩固和标准化

QC 小组活动达到预期目标后，应及时巩固成果，对改进措施实行标准化。有时需要纳入有关技术文件，有的则应建立新标准。然后，应在新的水平上进行管理，并在生产中至少考验三个月以上。对于所取得的成果，能定量化的一定要用绝对数表示，不能定量化的，则要用相对数表示。对于失败的教训，也要补充到有关的标准之中，以防止问题再发生；对于仍未解决的问题则转入下一个活动循环中去解决。

8．整理成果并及时发表

QC 小组取得成果后，应认真进行总结，写出成果报告，其内容包括：

（1）小组概况。包括建组时间、注册日期、成员状况、活动时间、内容和次数、工程概况等。

（2）选题理由。说明为什么要选这个课题，是否符合本单位的方针目标。必要时还要进行技术经济分析，说明经过活动达到预期目标后，在改善管理和质量等方面对企业有何经济效益。

（3）基本做法。包括调查现状、确定目标、分析问题原因、找出主要影响因素、制订具体对策及实施过程等内容（包括几次 PDCA 循环的情况和效果）。

（4）主要成果。包括提高产品质量、工作效率、管理水平等方面的实际效果和用户（包括下道工序）的评价；同工种同行业指标对比效果等。成果中凡能用金额表示的经济效益，应尽量用金额表示。

（5）标准化工作（巩固措施）。包括技术、操作、管理、文明生产等规定的制度和检查考核办法等。

（6）体会及今后打算。通过活动，在思想上和质量管理方法的运用方面有哪些提高和收获；针对遗留问题、确定新的活动目标及活动安排。

各级质量管理部门应定期召开成果发表会。发表会应有领导、质量管理工作者和 QC 小组代表参加，以交流经验为主要目的。形式要朴素、简明。对优秀 QC 小组要给予奖励。

第三节　施工质量检查及评定

一、施工质量检查

全面地进行建筑工程质量检查，特别是对使用工程的检查是一项复杂的技术工作，要采用多种先进检测设备和科学方法，才能实现。质量检查的形式可分为自检、互检、交接检查和专门检查。检查过程中可使用看、摸、敲、照、靠、吊、量、套等八种检查方法。施工现场一般的检查内容如下：

1．开工前检查。目的是检查是否具备开工条件，开工后能否连续正常施工，能否保证工程质量。

2．工序交接检查。对于重要的工序或对工程质量有重大影响的工序，在自检、互检的基础上，还要组织专职人员进行工序交接检查。

3．隐蔽工程检查。凡是隐蔽工程均应检查认证后方能掩盖。在施工过程中，必须根据建筑安装工程的特点，分析对隐蔽工程，进行质量监督，贯彻验收制度。所谓隐蔽工程是指那些施工过程中上一道工序被下一道工序掩盖，上一道工序的质量是否符合质量要求无法再进行复查的工程部位。这些工程在下一道工序施工以前，应由单位工程负责人或施工队邀请建设单位、设计单位三方共同检查验收，并认真办好隐蔽工程验收登记手续。

4．停工后复工前的检查。因处理质量问题或某种原因停工后需复工时，亦应经检查认可后方能复工。

5．分项、分部工程完工后，应经检查认可，签署验收记录后，才许进行下一工程项目施工。

6．成品保护检查。检查成品有无保护措施，或保护措施是否可靠。

成品保护是指在施工过程中，对已完成的分项工程，或者分项工程中已完成的部位加以保护。做好成品保护可以保证已完成部位不受损坏，保证未完部位继续顺利施工，以保证工程质量、不增加维修费，降低成本，保证工期。

成品保护的方法有护、包、盖、封四种。

护，就是提前保护。如为了防止清水墙面污染，在脚手架、安全网横杆、进料口四周以及临近水刷石的墙面上，提前订上塑料布或贴上纸；为防止小车轴头碰撞门口，把门口订上防护条或盖上槽形铁等。

包，就是进行包裹，以防损坏或污染。如大理石或高级预制水磨石块柱子贴好后，应用立板包裹捆扎，防止损伤；楼梯扶手易污染变色，油漆前应裹纸保护；电气开关、插座、灯具等也应包裹，防止喷浆时污染等。

盖，就是表面覆盖，以防损伤或污染。如预制水磨石或大理石楼梯，应用木板、加气板等覆盖，以防止操作人员踩踏或物体碰撞；水泥地面、预制或现制水磨石地面，应铺干锯末保护，防止污染；高级水磨石地面或大理石地面应用苫布甚至棉毡覆盖，防止磨伤和污染。

封，就是局部封闭，防止损伤和污染。如预制楼梯板安装，抹水泥楼梯或休息板时，应将楼梯各口局部封闭，做完预制水磨石地面或抹完水泥地面后，应将该房间封闭，暂停通行，以防踩活预制板或造成水泥地面起砂；室内抹灰或浆活交活后，为调节室内温度，应有专人开关外窗；室内塑料墙纸、彩色地面操作和完成后均应锁门等。

此外，应加强教育，要求施工中全体人员倍加注意爱护和保护成品。在装饰和安装工程中，有时还会发生已安装好的灯具、门锁、开关等丢失现象。因此，必要时还应采取一定的防盗措施。

二、质量评定

工程质量是由一定的数据反映的。例如，一块混凝土楼板的质量，是通过它的几何尺寸，混凝土强度等级等代表质量特性的数据来表示的。再如一般砖墙的质量，要有砂浆的配合比和强度、砖的强度和等级、墙面的垂直与平整、砖的灰缝和裂缝、砂浆饱满程度等数据。质量评定就是通过这些数据指标来说明混凝土楼板或砖墙质量的优劣。

建筑安装工程质量等级，按国家标准规定划分为"合格"与"优良"两级，合格是指工程质量符合《建筑安装工程质量检验评定标准》GBJ 301—88 的规定。优良是指在合格基础上，工程质量达到标准中优良要求的。不合格的不能交工验收。

质量评定的依据有：设计图纸、施工说明书；建筑安装工程施工验收规范；原材料、构件、半成品及成品的试验资料，隐蔽工程验收记录，建筑物沉陷观测记录或变形记录等。

质量评定程序是，先分项工程，再分部工程，最后是单位工程。下面重点介绍一下分项工程的评定。

合格：系指主要项目和一般项目均符合标准的规定；允许偏差项目，其抽查点数中有 70% 及其以上达到标准要求者。优良：系指在合格基础上，有 90% 及其以上达到标准要求者。

分项工程质量等级，是评定分部工程质量等级的依据，也是制定施工班组施工质量的依据。

分项工程质量如不符合标准规定，应当及时进行处理。返工重做工程，应重新评定等级。但补强加固改变结构外形或造成历史性缺陷的工程，一律不得评为优良。

分项工程质量的评定，应在班组自检、互检、交接检的基础上，由单位工程技术负责人主持并组织有关专业工长、班组长（班组质量员）参加，并经专职质量检查员核定等级，共同签订"分项工程质量检查评定表"。

第七章　文明施工与环境保护

第一节　文 明 施 工

一、文明施工的概念

所谓文明施工是指在现场施工管理过程中，按照现代化施工的客观要求，使施工现场保持良好的施工秩序。具体要求是：施工过程程序化，施工作业标准化，施工管理科学化，施工人员整洁化，施工现场秩序。也就是要求整个施工过程在科学的施工组织设计指导下，严格按施工程序办事，减少施工的随意性，减少对周围环境的影响。

二、文明施工的意义

文明施工，是现代化施工的一个重要标志，是施工企业一项基础性的管理工作，坚持文明施工有重要意义。

（一）文明施工是施工企业各项管理水平的综合反映

建筑工程体积庞大、结构复杂、工种工序繁多，立体交叉作业，平行流水施工，生产周期长，需用原材料多，工程能否顺利进行受环境影响很大。文明施工就是要通过对施工现场中的质量、安全防护、安全用电、机械设备、技术、消防保卫、场容、卫生、环保、材料等各个方面的管理，创造良好的施工环境和施工秩序，促进安全生产、加快施工进度、保证工程质量、降低工程成本、提高企业经济和社会效益。文明施工涉及人、财、物各个方面，贯穿于施工全过程之中，是企业各项管理在施工现场的综合反映。

（二）文明施工是现代化施工本身的客观要求

现代化施工采用先进的技术、工艺、材料和设备,需要严密的组织,严格的要求,标准化的管理,科学的施工方案和职工较高的素质等。如果现场管理混乱,不坚持文明施工,先进的设备,新的工艺与新的技术就不能充分发挥其作用,科技成果也不能很快转化为生产力。例如:现场塔式起重机是主要垂直运输设备,如果材料进场无计划,乱码乱放,施工平面布置不合理,指挥信号不科学,再好的塔吊也不能充分发挥其作用。所以说,文明施工是现代化施工的客观要求。遵照文明施工的要求去做,就能实现现代化大生产的优质、高效、低耗的目的,企业才能有良好经济效益和社会效益。

(三) 文明施工是企业管理的对外窗口

改革开放把企业推向了市场,建筑市场竞争变得日趋激烈。市场与现场的关系更加密切,施工现场的地位和作用就更加突出了。企业进入市场,就要拿出像样的产品,而建筑产品是在现场生产的,施工现场成了企业的对外窗口。众多建设单位,在每项工程投标之前,在压价的同时,他们总要考察现场,往往以貌取人,文明施工给人以第一印象。如果施工现场脏、乱、差,到处"跑、冒、滴、漏",甚至"野蛮施工",建设单位就不会选择这样的队伍。实践证明,良好的施工环境与施工秩序,不但可以得到建设单位的支持和信赖,提高企业的知名度和市场竞争能力,而且还可能争取到一些"回头工程"。

(四) 文明施工有利于培养一支懂科学,善管理,讲文明的施工队伍

目前我国建筑施工企业职工队伍成分变化大,农民工已占了很大的比例,在不少企业已成为施工的主力军。农民合同工和季节工总体来看,施工技术素质偏低,文明施工意识淡薄,如何加强农民工管理和教育,提高他们施工技术素质,是搞好文明施工的一项基础工作。另一方面,少数施工企业,对文明施工认识不足,管

理不规范,标准不明确,要求不严格。形成"习惯就是标准"的作法,这种粗放型的管理同现代化大生产的要求极不适应。

文明施工是一项科学的管理工作,也是现场管理中一项综合性基础管理工作。坚持文明施工,必然能促进、带动、完善企业整体管理,增强企业"内功",提高整体素质。文明施工的实践,不仅改善了生产环境和生产秩序,而且提高了职工队伍文化、技术、思想素质,培养了尊重科学,遵守纪律,团结协作的大生产意识,从而促进了精神文明建设。

三、国家对文明施工的要求

1．施工单位应当贯彻文明施工的要求,推行现代管理方法,科学组织施工,做好施工现场的各项管理工作。

2．施工单位应当按照施工总平面布置图设置各项临时设施。堆放大宗材料、成品、半成品和机具设备,不得侵占场内道路及安全防护等设施。

建设工程实行总包和分包的,分包单位确需进行改变施工总平面布置图活动的,应当先向总包单位提出申请,经总包单位同意后方可实施。

3．施工现场必须设置明显的标牌,工程项目名称、建设单位、设计单位、施工单位、项目经理和施工现场总代表人的姓名,开、竣工日期,施工许可证批准文号等。施工单位负责施工现场标牌的保护工作。

施工现场的主要管理人员在施工现场应当佩戴证明其身份的证卡。

4．施工现场的用电线路、用电设施的安装和使用必须符合安装规范和安全操作规程,并按照施工组织设计进行架设,严禁任意拉线接电。施工现场必须设有保证施工安全要求的夜间照明;危险潮湿场所的照明以及手持照明灯具,必须采用符合安全要求的电压。

5．施工机械应当按照施工总平面布置图规定的位置和线路设置，不得任意侵占场内道路。施工机械进场必须经过安全检查，经检查合格的方能使用，施工机械操作人员必须建立机组责任制，并依照有关规定持证上岗，禁止无证人员操作。

6．施工单位应该保证施工现场道路畅通，排水系统处于良好的使用状态；保持场容场貌的整洁，随时清理建筑垃圾。在车辆、行人通行的地方施工，应当设置沟井坎穴覆盖物和施工标志。

7．施工单位必须执行国家有关安全生产和劳动保护的法规，建立安全生产责任制，加强规范化管理，进行安全交底，安全教育和安全宣传，严格执行安全技术方案。施工现场的各种安全设施和劳动保护器具，必须定期进行检查和维护，及时消除隐患，保证其安全有效。

8．施工现场应当设置各类必要的职工生活设施，并符合卫生、通风、照明等要求。职工的膳食、饮水供应等应当符合卫生要求。

9．建设单位或施工单位应当做好施工现场安全保卫工作，采取必要的防盗措施，在现场周边设立围护设施。施工现场在市区的，周围应当设置遮挡围栏，临街的脚手架也应当设置相应的围护设施。非施工人员不得擅自进入施工现场。

10．非建设行政主管部门对建设工程施工现场实施监督时，应当通过或者会同当地人民政府建设行政主管部门进行。

11．施工单位应当严格按照《中华人民共和国消防条例》的规定，在施工现场建立和执行防火管理制度，设置符合消防要求的消防设施，并保持完好的备用状态。在容易发生火灾的地区施工或者储存、使用易燃易爆器材时，施工单位应当采取特殊的消防安全措施。

12．施工现场发生的工程建设重大事故的处理，依照《工程建设重大事故报告和调查程序规定》执行。

四、文明施工的措施

（一）根据国家对工程项目的具体要求，确定文明施工的管理目标。

根据国家、地方、行业等关于现场施工管理的有关法律、法规文件和管理办法，结合实际工程项目的设计、施工、自然情况以及有关重要施工程序的要求，来确定各个不同阶段的文明施工管理目标。如在基础施工阶段，必须根据基础施工的具体方案的不同来制定文明施工的实施目标，如现场施工的先后程序、机械摆放的位置及进出要求、泥土外运和泥浆排放的时间方式要求、机械震动及噪声的控制等等，都必须制定切实有效的管理目标，以便及时控制和检查。

（二）建立文明施工的组织机构，健全各项文明施工的管理制度。

1. 建立以项目经理为责任中心，以各承包者和各职能小组负责人为成员的现场文明施工领导班子，其中应包括主管生产的负责人、技术负责人以及质量、安全、材料、消防、环卫和保安等职能部门的负责人或工作人员。

2. 健全各项文明施工的管理制度，如个人岗位责任制、经济责任制、奖惩制度、会议制度、专业管理制度、检查制度、资料管理制度等等。

3. 明确各级领导及有关职能部门和个人的文明施工的责任和义务，从思想上、行动上、组织上、管理上、计划上和技术上重视起来，切实提高现场文明施工的质量和水平。

（三）加强职工的文明行为管理，建立文明施工的行为标准

1. 施工现场对人的行为的管理

（1）衣着方面：尽管施工现场湿作业较多，泥沙和灰尘大，道路及工作条件差，同样应该尽可能地保持衣着整洁，并符合安全防护要求。如正确配戴安全帽和手套、穿工作服和工作鞋等防

护用具，这些对现场工作人员的基本要求，不仅能够保护劳动者的行为安全，而且能够使劳动者尽快进入紧张而严肃的工作状态，对于正确达到施工技术要求有着积极的作用。

如果对施工现场生产人员的衣着不作任何要求，一方面分不清工地的闲杂人员，给现场的安全管理带来难度；另一方面，对于提高工作效率不能起促进作用。尤其在炎热的夏天、寒冷的冬天和气候发生异常变化的时候，会大大降低施工速度。

（2）语言方面：语言是人们表达思想意图，并进行交流的最直接、最快捷的工具。如果不能（或忽视）运用文明语言，不仅不能表达正确的思想意图，而且粗鲁的或不文明语言还会导致职工之间的误会或矛盾的激化，造成严重的后果。

现场施工管理虽然有明确的操作规程和要求，但仍然存在着大量地需要用语言去说明、解释和协调内容，如技术要求、质量要求、材料变更、时间调整、机械安排、人员调动等等，只有使用文明的语言才能使工作各方友好交流、缓和矛盾、增进理解，达到预期的目的。

2．对现场施工人员的行为举止有以下几个方面的具体要求：

（1）在现场施工过程中，其工作行为和表现必须符合施工技术规范和施工程序要求，不允许野蛮施工、强行施工。

（2）在现场施工过程中，其工作面应该保持干净整洁，不留垃圾和杂物，及时调整设备、机具和材料的位置，保持工作面宽敞，为下道工序的顺利进行提供良好的工作环境。

（3）严格现场施工管理监督和检查制度，杜绝任何影响和破坏工程安全或工程质量的行为发生，如违章施工、抽烟、喝酒和过分玩笑等等。

（4）在施工现场的生活活动中，即使是工作之余，一些行为也应该是有限度的，如打赌、过分娱乐、恶作剧等影响别人或侵犯他人的行为。

（5）此外，还必须禁止诽谤、偷窃、打骂和流氓等行为。

（6）对于不服从现场统一指挥和管理的粗鲁行为，按处罚条例严格执行。

同时，以上所述要求施工企业职工的衣着和配戴安全防护用品、文明语言和文明行为举止，也是企业文明形象的标志之一，它构成了建筑企业文化的一个重要内容。

（四）按照施工组织设计和施工方案的特点，加强现场文明施工的综合管理，减少现场施工对周围环境的影响和干扰。

开展 5S 活动是指对施工现场不断地进行整理（Sort）、整顿（Straighten）、清扫（Sweep）、清洁（Sanitize）和素养（Self-cultivate），是实现文明施工的有效手段。在日本和西方国家的企业中广泛实行，是一种符合现代化大生产特点的管理方法。

1. 所谓整理，就是对施工现场的人、事、物进行调查分析，区分需要和不需要、合理和不合理，并对不需要和不合理的人、事、物进行及时处理。如不需要的劳动力、非施工人员、多余的机具和材料等坚决清退出场；对工作面上不需要的人、事、物及时清理，做到人尽其才，物尽其用；对现场人力的使用、构件的堆放以及各种杂物都应及时整理。

整理的范围涉及整个施工场内的任何角落，从地下室、管沟到各层作业面，从工棚、堆料场到办公室，从人到物，随时整理清除各种不需要和不合理的人、事、物，使现场的各种生产因素都能有效地发挥其作用。

2. 所谓整顿，就是经达前一阶段的初步整理后，将施工现场所需要的人员、机具、材料等进行合理的安排和定位，实现人、事、物在时间和空间上的有效组合，从而提高生产效率。

根据现场实际条件及时调整施工现场平面布置图；物品按合理位置分门别类的堆放，尽量减少二次搬运；此外，构件或材料的堆放场地和堆放方法必须符合质量和安全要求；机械、设备的安放位置应考虑施工先后程序的要求，以实现迅速快捷的进入工作状态。

3. 所谓清扫，就是对施工现场的场地、设备等经常性的维护和清扫，始终保持现场内部或工作面的干净整洁、无垃圾和污物，环境卫生情况良好，设备运转正常。此外要经常对建筑物内外、仓库、办公室、食堂等所有场所进行及时清扫，减少现场施工对环境的污染，确实保证工作环境的清洁和工作人员的身体健康。

4. 所谓清洁，就是对整理、整顿、清扫活动的继续和深入，从预防疾病开始，保持施工现场的良好的生活环境和工作环境。

清洁活动首先从人开始，保持现场施工每一个工作人员的个人清洁和卫生，包括生理卫生、心理卫生、精神文明、礼貌待人和文明的工作行为等各个方面。如要求炊事人员必须保持严格和个人清洁卫生以及工作服装和工作行为的清洁卫生；要求每个职工保持个人的清洁卫生，其工作环境和行为举止的清洁卫生，减少粗鲁的语言和行为举止。

此外，清洁活动要达到现场地面和空间上清洁，消除现场空气、灰尘、噪声、水源的污染，创造良好的生活环境和工作环境。

5. 所谓素养，就是要提高现场施工人员的素质和文化水平，养成遵纪守法和文明施工的良好习惯，这是提高现场文明施工程度的最重要的因素，是难度最大的一件事，同时也是迫切需要解决的重要问题之一。

开展5S活动，需要领导重视，坚持持之以恒。要不断地调动全体职工的积极性，明确其具有很强的可操作性和程序化工作内容，以及所产生的重要作用，并将其逐步变成施工人员自觉的行动要求，创造一个高效、清洁、安全和标准化的生活环境和工作环境，加快实现现场文明施工目标的步伐。

五、建立文明的施工现场

文明施工现场即指按照有关法规的要求，使施工现场和临时占地范围内秩序井然，文明安全，环境得到保持，绿地树木不被破坏，交通畅达，文物得以保存，防火设施完备，居民不受干扰，场容和环境卫生符合要求。建立文明施工现场有利于提高工程质量和工作质量，提高企业信誉。为此，应当做到主管挂帅，系统把关，普遍检查，建章建制，责任到人，落实整改，严明奖惩。

1. 主管挂帅，即公司和工区均成立主要领导挂帅，各部门主要负责人参加的施工现场管理领导小组，在企业范围内建立以项目管理班子为核心的现场管理组织体系。

2. 系统把关，即各管理业务系统对现场的管理进行分口负责，每月组织检查，发现问题便及时整改。

3. 普遍检查，即对现场管理的检查内容，按达标要求逐项检查，填写检查报告，评定现场管理先进单位。

4. 建章建制，即建立施工现场管理规章制度和实施办法，按法办事，不得违背。

5. 责任到人，即管理责任不但明确到部门，而且各部门要明确到人，以便落实管理工作。

6. 落实整改，即对各种问题，一旦发现，必须采取措施纠正，避免再度发生。无论涉及到哪一级、哪一部门、哪一个人，决不能姑息迁就，必须整改落实。

7. 严明奖惩。如果成绩突出，便应按奖惩办法予以奖励；如果有问题，要按规定给予必要的处罚。

第二节　施工环境保护

一、施工环境保护的概念

所谓施工环境保护是指施工单位在施工过程中，必须采取得力措施保护和改善施工现场的环境，尽量减少对施工现场周围环境的影响，减少对周边居民生活的干扰。具体地说，就是按照国家、地方法规和行业、企业要求，采取措施控制施工现场的各种粉尘、废水、废气、固体废弃物以及噪声、振动等对环境的污染和危害。它是文明施工的重要组成部分，是现场管理的重要内容之一。

二、建筑施工对现场及周围环境的影响

在建筑施工过程中大型机械、车辆往来频繁。施工人员多且关系繁杂、露天作业、施工时间长。由于这些特点使得施工对周围环境有很大影响。具体说业有以下几方面：

1. 生活用水、用电、用火、垃圾、油烟以及厕所等对周围所产生的影响。

2. 施工噪声、灰尘、震动、泥浆、毒气、废液等污染物的传播和排放的影响。

3. 建筑施工机械和车辆进出工地时所产生的车身污染、道路污染、泥土和泥浆外溢、滴漏等等，造成城市道路的污染。

三、施工环境保护的意义

（一）保护和改善施工环境是保证人们身体健康的需要

工人是企业的主人，是施工生产的主力军。防止粉尘、噪声和水源污染，搞好施工现场环境卫生，改善作业环境，就能保证职工身体健康，积极投入施工生产。若环境污染严重，工人和周围居民均将直接受害。例如：粉尘如果污染严重，作业人员若长期吸入水泥粉尘，就可能患职业性矽肺病；噪声，使人听之生厌，干扰睡眠，引起人体紧张的反映，如果长期连续在强噪音环境中作业，会损害人的听觉系统，造成暂时性的或持久性的听力损伤（职业性耳聋），严重者，造成脱发、秃顶，甚至神经功能紊乱，肠胃功能紊乱等。搞好环境保护是利民利国的大事，是保障人们身体健康的一项重要任务。

（二）保护和改善施工现场环境是消除外部干扰保证施工顺利进行的需要

随着人们的法制观念和自我保护意识增强，尤其在城市施

工，施工扰民问题反映突出，向政府主管部门反映的扰民来信来访增多。有的工地时常同周围居民发生冲突，影响施工生产，严重者，环保部门罚款，停工整治，如果及时采取防治措施，就能防止污染环境，消除外部干扰，使施工生产顺利进行。再则，企业的根本宗旨是为人民服务，保护和改善施工环境事关国计民生，责无旁贷。

（三）保护和改善施工环境是现代化大生产的客观要求

现代化施工广泛应用新设备、新技术、新的生产工艺，对环境质量要求很高，如果粉尘、振动超标就可能损坏设备、影响功能发挥，再好的设备，再先进的技术也难于发挥作用。例如：现代化搅拌站各种自动化设备、计算机、电视机、精密仪器仪表等都对环境质量有很严格的要求。

（四）环境保护是国法和政府的要求，是企业行为准则

我国宪法、环境保护法、建设部颁发的施工现场管理规定等法律法规以及各省市政府都对保护环境作了具体的规定。所以说，加强环境保护是国家和政府的要求，是符合人民根本利益和造福子孙后代的一件大事，是一项基本国策。

四、国家对施工环境保护的要求

1．施工单位应当遵守国家有关环境保护的法律规定，采取措施控制施工现场的各种粉尘、废气、废水、固体废弃物以及噪声、振动对环境的污染和危害。

2．施工单位应当采取下列防止环境污染的措施：

（1）妥善处理泥浆水，未经处理不得直接排入城市排水设施和河流；

（2）除设有符合规定的装置外，不得在施工现场熔融沥青或者焚烧油毡、油漆以及其他会产生有毒有害烟尘和恶臭气体的物质；

（3）使用密封式的圈筒或者采取其他措施处理高空废弃物；

（4）采取有效措施控制施工过程中的扬尘；

（5）禁止将有毒有害废弃物用作土方回填；

（6）对产生噪声、振动的施工机械，应采取有效控制措施，减轻噪声扰民。

3．建设工程施工由于受技术、经济条件限制，对环境的污染不能控制在规定范围内的，建设单位应当会同施工单位事先报请当地人民政府建设行政主管部门和环境保护行政主管部门批准。

五、防止施工对环境影响的措施

（一）防止施工对大气污染的措施

1．施工现场垃圾渣土要及时清理出现场。高层建筑物和多层建筑物清理施工垃圾时，要搭设封闭式专用垃圾道，采用容器吊运或将永久性垃圾道随结构安装好以供施工使用，严禁凌空随意抛撒。

2．施工现场道路采用焦渣、级配砂石、粉煤灰级配砂石、沥青混凝土或水泥混凝土等，有条件的可利用永久性道路，并指定专人定期洒水清扫，形成制度，防止道路扬尘。

3．袋装水泥、白灰、粉煤灰等易飞扬的细颗散体材料，应库内存放。室外临时露天存放时，必须下垫上盖，严密遮盖防止扬尘。

散装水泥、粉煤灰、白灰等细颗粉状材料，应存放在固定容器（散灰罐）内，没有固定容器时，应设封闭式专库存放，并具备可靠的防扬尘措施。

运输水泥、粉煤灰、白灰等细颗粒粉状材料时，要采取遮盖措施，防止沿途遗洒、扬尘。卸运时，应采取措施，以减少扬尘。

4．车辆不带泥砂出现场措施。可在大门口铺一段石子，定期过筛清理；作一段水沟冲刷车轮；人工拍土，清扫车轮、车帮；挖土装车不超装；车辆行驶不猛拐，不急刹车，防止洒土，卸土后注意关好车箱门；场区和场外安排人清扫洒水，基本做到不洒土、不扬尘，减少对周围环境污染。

5．除设有符合规定的装置外，禁止在施工现场焚烧油毡、橡胶、塑料、皮革、树叶、枯草、各种包皮等以及其他会产生有毒、有害烟尘和恶臭气体的物质。

6．机动车都要安装PCV阀，对那些尾气排放超标的车辆要安装净化消声器，确保不冒黑烟。

7．工地茶炉、大灶、锅炉，尽量采用消烟除尘型茶炉，锅炉和消烟节能回风灶，烟尘降至允许排放为止。

8．工地搅拌站除尘是治理的重点。有条件要修建集中搅拌站，由计算机控制进料、搅拌、输送全过程，在进料仓上方安装除尘器，可使水泥、砂、石中的粉尘降至99％以上。采用现代化先进设备是解决工地粉尘污染的根本途径。

工地采用普通搅拌站，先将搅拌站封闭严密，尽量不使粉尘外泄，扬尘污染环境。并在搅拌机拌筒出料口安装活动胶皮罩，通过高压静电除尘器或旋风滤尘器等除尘装置将风尘分开净化达到除尘目的。最简单易行的是将搅拌站封闭后，在拌筒进出料口上方和地上料斗侧面装几组喷雾器喷头，利用水雾除尘。

9．拆除旧有建筑物时，应适当洒水，防止扬尘。

（二）防止水污染的措施

1．禁止将有毒有害废弃物作土方回填。

2．施工现场搅拌站废水，现制水磨石的污水，电石（碳化钙）的污水须经沉淀池沉淀后再排入城市污水管道或河流。最好将沉淀水用于工地洒水降尘或采取措施回收利用。上述污水未经处理不得直接排入城市污水管道或河流中去。

3．现场存放油料，必须对库房地面进行防渗处理。如采用防渗混凝土地面，铺油毡等。使用时，要采取措施，防止油料跑、冒、滴、漏，污染水体。

4．施工现场 100 人以上的临时食堂，污水排放时可设置简易有效的油池，定期掏油和杂物，防止污染。

5．工地临时厕所，化粪池应采取防渗漏措施。中心城市施工现场的临时厕所可采取水冲式厕所，蹲坑上加盖，并有防蝇、灭蛆措施，防止污染水体和环境。

6．化学药品，外加剂等要妥善保管，库内存放，防止污染环境。

（三）防止噪声污染的措施

1．严格控制人为噪声，进入施工现场不得高声喊叫、无故甩打模板、乱吹哨，限制高音喇叭的使用，最大限度地减少噪声扰民。

2．凡在人中稠密区进行强噪声作业时，须严格控制作业时间，一般晚 10 点到次日早 6 点之间停止强噪声作业。确系特殊情况必须昼夜施工时，尽量采取降低噪音措施，并会同建设单位找当地居委会、村委会或当地居民协调，出安民告示，求得群众谅解。

3．从声源上降低噪声。这是防止噪声污染的最根本的措施：

（1）尽量选用低噪声设备和工艺代替高噪声设备与加工工艺。如低噪声振捣器、风机、电动空压机、电锯等。

（2）在声源处安装消声器消声。即在通风机、鼓风机、压缩机燃气轮机、内燃机及各类排气放空装置等进出风管的适当位置设置消声器。常用的消声器有阻性消声器、抗性消声器、阻抗复合消声器、穿微孔板消声器等。具体选用哪种消声器，应根据所需消声量，噪声源频率特性和消声器的声学性能及空气动力特性等因素而定。

4．在传播途径上控制噪声。采取吸声、隔振和阻尼等声学处理的方法来降低噪声。

（1）吸声：吸声是利用吸声材料（如玻璃棉，矿渣棉，毛毡，泡沫塑料，吸声砖，木丝板，干蔗板等）和吸声结构（如穿也共振吸声结构，微穿孔板吸声结构，薄板共振吸声结构等）吸收通过的声音，减少室内噪声的反射来降低噪声。

（2）隔声：隔声是把发声的物体，场所用隔声材料（如砖、钢筋混凝土、钢板、厚木板、矿棉被等）封闭起来与周围隔绝。常用的隔声结构有隔声间，隔声机罩，隔声屏等。有单层隔声和双层隔声结构两种。

（3）隔振：隔振，就是防止振动能量从振源传递出去。隔振装置主要包括金属弹簧，隔振器，隔振垫（如剪切橡皮、气垫）等。常用的材料还有软木、矿渣棉、玻璃纤维等。

（4）阻尼：阻尼就是用内摩擦损耗大的一些材料来消耗金属板的振动能量并变成热能散失掉，从而抑制金属板的弯曲振动，使辐射噪声大幅度地削减。常用的阻尼材料有沥青、软橡胶和其他高分子涂料等。

建筑工程施工由于受技术、经济条件限制（如建筑机械本身噪声超标，现在一时又无好办法解决，或因资金问题一时不能解决），对环境的污染不能控制在规定范围内的，建设单位应当会同施工单位事先报请当地人民政府建设行政主管部门和环境行政主管部门批准。

六、施工现场周围的环境保护问题

施工现场周围的环境保护问题涉及到城市社会、经济、技术等各个方面应该引起人们的广泛重视。

（一）与周围土地有关的环境保护问题

1．不得随意占用或破坏与施工现场周围相邻的土地、道路、绿地、树木以及各种公共设施或场所；也不能影响人们的进出通行的道路和正常的活动范围。

2．不得随意损坏或影响市政公司设施如电线、电缆、各种管道、雨污水管、垃圾装置、路灯、公用电话和广告牌等的使用，尤其注意在大型机械设备进出时所具有的巨大重量或使用时所产生震动而导致的破坏。

3．严禁由于现场施工对相邻建筑、构筑物和道路所产生的影响和破坏，如在高层建筑基础施工时常常会造成周围房屋和道路产生裂缝或破坏。在制定基础工程的施工方案时，必须充分考虑工程地质条件、周围房屋和道路的具体情况，科学合理的确定基础工程的实施方案，尽量减少对周围环境的影响。

（二）与城市有关的环境保护问题

1．在工程施工过程中，重视附近已有文物的保护工作。遵守地方政府或文物管理部门的法律法规文件，同时对现场施工人员广泛地进行法制宣传，以妥善地保护文物。如对现场周围的寺庙、古建筑、墓碑、牌坊等等，必须制定切实可靠的文物保护措施，使之处于良好的使用状态。

2．在工程施工过程中，还必须重视地下文物（未挖掘）的保护工作。要教育施工人员，地下文物为国家财产，我们应该爱护文物和保护文物，发现文物要及时报告有关文物管理部门，以防地下文物的流失和损坏。

我国是一个具有几千年悠久历史的文明古国，文物资源十分丰富。由于目前城市工程建设的广泛兴起，高层建筑的深基础施工、市政建设的大规模进行以及城市范围的不断扩大，常常发现地下未开采的文物资源，于是施工中哄抢古墓、文物等现象时有发生，给国家造成了巨大的经济损失和文化遗产损失。

第八章　收尾工作与竣工验收

第一节　收尾工作

一、收尾工作的概念

　　工程项目到了施工阶段的末期，虽然工程基本完成，但还有很多的任务要完成，如临时设施的拆除，施工用具及材料的回收、转移，零星工程的施工等。这就形成了所谓的收尾工程。这些工程的特点是零星、分散、工程量小，但分布广。如果不及时完成，无论对建设单位，对施工单位本身都是不利的。对施工单位来说，不迅速完成这些工程则不能及时转移生产要素，浪费人力、物力，拉长战线，影响本身任务的完成。所以必须采取有效措施，做好收尾工作。

　　收尾工程并没有什么固定的项目，主要是：最后清查出来的漏项工程，由于材料设备缺乏造成的未完项目，返工修补项目和最后的清理工作。不难看出，造成收尾工作的主要原因归根到底是组织不善和准备不周。如果充分认识到收尾完工的重大意义，充分发挥人的主观能动性，积极作好施工的组织与准备工作，为施工创造更好的条件，加强责任心，收尾工作是可以降到最低限度的。所以，根本的问题还在于提高思想认识，明确保质量保交工的思想，做好施工前的准备工作和施工过程中的组织管理工作，坚决不留尾巴，把各个分部分项工程逐项地全部结束于施工过程中。这样在施工过程中就能积极主动地进行"收尾"工作，而若把问题拖到最后去解决，就会陷于被动忙乱甚至延误整个工程的完成。

二、减少收尾工作量的途径

1．施工前加强调查，制订详实的施工组织设计，如前所述，施工单位承揽到施工任务后，就应进行认真的调查研究，摸清情况，落实施工条件，制订先进合理的施工方案，从自身内部消除"尾巴工程"隐患。

实践表明，许多收尾工程都是由于没有做好上述工作而造成的。施工用材料准备是准备工作的基本内容之一。必须尽早摸清一切特殊材料的品种、规格和非标设备的要求，提早抓紧组织加工和采购，以免因缺乏材料、设备等延误竣工。

2．在施工过程中应加强管理，建立严格的责任制度。在施工中既要抓住主体工程这个龙头，确保施工进度，又要全面考虑辅助、附属工作，使施工成龙配套地进行。尤其抓好分项工程的验收交接工作，保证每个分部分项工程都能合乎质量要求和设计的规定，使之不留尾巴，对于竣工也应有明确的标准和要求，坚决防止甩项竣工和甩项交接。

三、收尾工作的组织

尽管采取了多种多样的措施，一般来说，由于某些主客观条件的限制，收尾工作尽管已减少到最低程度，但多少总还是有的。而有些清理工作则是客观存在的。如：临时建筑物的拆除、施工机械、设备的转移，施工队伍的搬迁等。因此，对于收尾工作必须认真对待，积极组织完成。

收尾工作的特点是零星、分散、工程量小、分布面广，有时项目也多。与此相适应收尾工程所需要的材料、机具、设备也必然是多种多样的，其中可能有许多是特殊的种类或规格，材料的供应和管理也变得困难和复杂。在劳力方面也要求有许多不同的工种，一般来说对工人的技术水平也要求高些。收尾工作应注意以下几点。

1. 做好收尾准备。与其他任何工作一样，为了组织好收尾工作，必须首先进行准备工作。最主要的是要摸清项目。因此，必须结合交工前的检查，做一次彻底的清查，对照设计图纸，一一进行检查，把问题全部搞清，并绘出收尾图，防止一漏再漏，没完没了，最好会同接收单位共同进行，以便一次搞彻底。同时，对于这些收尾项目也要搞清未完的原因，复杂程度，困难所在，并分清责任。只有在这个基础上才可以区别轻重缓急，结合材料、设备的情况进行工程排队，运用"集中力量打歼灭战"的方法，逐项解决和完成。

对于施工完成后的清理工作也要进行详细摸底，根据实际情况制订临时工程拆迁计划，施工队伍调遣计划，机械设备的清运计划。总之，要保证收尾工作有条不紊地进行，防止漏项，防止丢失，防止机械设备混乱，保证单位财产不受损失及尽快转移到下一个项目进行施工。

2. 做好材料的清理与落实。对于收尾工程所需材料，必须进行核实，对于不足或缺乏的材料，要积极主动地设法，规定日期、指定专人负责解决。在供应中要分别轻重缓急，组织成套供应，并送到施工地点。

对于施工中剩余的材料，一定要对照进料计划、施工消耗、查清库存，登记造册，分类放置，严格管理，防止丢失。能就地处理的最好就地处理，不能处理的应及时转移到其他工点继续使用，以减少资金占用。

3. 做好收尾工作的劳力组织。收尾工程中的劳动力，最好据不同特点，划分区域，固定力量，组成包括所需全部工种的混合工作队，分片、分线负责，逐项完成，包干到底。多余劳力应区别不同情况纳入企业统一管理。

4. 加强收尾工作的统一管理。在进行收尾工作过程中，项目经理部必须加强统一管理。首先，项目经理部所属各单位、各部门各负其责，制订本单位、本部门的收尾工作计划。然后项目经理召集有关部门统筹考虑全面安排，做好计划和技术的交底工作，使每个人都明了自己所承担的任务、完成任务的方法及其要求等。

第二节　竣　工　验　收

一、竣工验收的概念

按我国建设程序的规定，项目竣工是项目实施中的一个重要阶段，是项目施工阶段和保修阶段的中间过程，一个项目经过施工完成后，必须经过竣工验收，才能实现项目由施工单位管理变为建设单位管理，它标志着建设投资成果转入生产或使用，也是全面考核投资效益，检验设计和施工质量的重要环节。

工程项目竣工是指工程项目按照设计要求和建设各方签订的合同的规定，建设内容已全部完成或工程具备使用条件，经验收鉴定合格后，可以交给建设单位的过程。

工程项目竣工验收，又称为交工验收，是指工程项目已按设计要求完成后，能满足生产要求或具备使用条件，施工单位经过自检合格后，向建设单位发出交工通知，监理单位组织施工、设计、建设、质检单位进行的验收。在验收中应按试车规程进行单机试车，无负荷联动试车及负荷联动试车。验收合格后，建设单位与施工单位签订《交工验收证书》。

1. 竣工验收是保证合同任务完成，保证工程质量的一个最重要的关口，通过竣工验收，全面综合考察工程质量，保证交工项目符合设计标准和规范等规定的质量标准要求。

2. 做好工程项目竣工验收，可以促进建设项目及时投产，对发挥投资效益和积累总结投资经验有重要作用。

3. 工程项目的竣工验收，标志着项目经理部的任务基本完成（除保修责任外），可以接受新的施工任务。

4. 通过工程项目竣工验收，整理档案资料，能总结建设过程的经验，提高施工队伍的管理水平。

竣工验收应从什么时间开始，并没有一个明确的标准和界限。但竣工验收阶段是工期的一部分，所以施工单位应对竣工验收给予足够重视。有经验的施工单位在进行施工组织设计时，就考虑到竣工验收，留有足够的时间。如果工期中没有很好地考虑竣工验收所需要的时间，就可能造成工期拖延，被业主反索赔，造成不必要的损失。在一些大的或复杂的工程中，还要拟订收尾竣工工作计划，制定出各种保证这一计划顺利实现的措施，详细地列出工作日程和督促检查工作的重点，并把工作落实到人。

二、竣工验收的条件

1. 施工单位承建的工程项目，达到下列条件者，可报请竣工验收。

(1) 生产性工程和辅助公用设施，已按设计建成，能满足生产要求。例如，生产科研类建设项目、土建、给水排水、暖气通风、工艺管线等工程和属于厂房组成部分的生活间、控制室、操作室、烟囱、设备基础等土建工程均已完成，有关工艺或科研设备也已安装完毕。

(2) 主要工艺设备已安装配套，经联动负荷试车合格，安全生产和环境保护符合要求，已形成生产能力，能够生产出设计文件中所规定的产品。

(3) 生产性建设项目中的职工宿舍和其他必要的生活福利设施以及生产准备工作，能适应投产初期的需要。

(4) 非生产性建设的项目，土建工程及房屋建筑附属的给水排水、采暖通风、电气、煤气及电梯已安装完毕，室外的各管线已施工完毕，可以向用户供水、供电、供暖、供煤气，具备正常使用条件。如因建设条件和施工顺序所限，正式热源、水源、电源没有建成，则须由建设单位和施工单位共同采取临时措施解决，使之达到使用要求，这样也可报竣工提请验收。

2．工程项目达到下列条件者，也可报请竣工验收。

工程项目（包括单项工程）符合上述基本条件，但实际上有少数非主要设备及某些特殊材料短期内不能解决，或工程虽未按设计规定的内容全部建成，但对投产、使用影响不大也可报请竣工验收。例如，非生产性项目中的房屋已经全部建成，电梯未到货或晚到货，因而不能安装，或虽已安装但不能同时交付使用；又如住宅小区中房屋及室外管线均已竣工，但个别的市政设施没有配套完成，允许房屋建筑施工企业将承建的建设项目报请竣工验收。

这类项目在验收时，要将所缺设备、材料和未完工程列出项目清单，注明原因，报监理工程师以确定解决的办法。当这些设备、材料或未完工程已安装完或修建完时，仍按前述办法报请验收。

3．工程项目有下列情况之一者，施工企业不能报请监理工程师作竣工验收。

（1）生产、科研性建设项目，因工艺或科研设备、工艺管道尚未安装，地面和主要装修未完成者。

（2）生产、科研性建设项目的主体工程已经完成，但附属配套工程未完成，影响投产使用。如主厂房已经完成，但生活空间、控制室、操作空间尚未完成；车间、锅炉房工程已经完成，但烟囱尚未完成等。

（3）非生产性建设项目的房屋建筑已经竣工，但由本施工企业承担的室外管线没有完成，锅炉房、变电室、冷冻机房等配套工程的设备安装尚未完成，不具备使用条件。

（4）各类工程的最后一道喷浆、表面油漆活未做。

（5）房屋建筑工程已基本完成，但被施工企业临时占用，尚未完全腾出。

（6）房屋建筑工程已完成，但其周围的环境未清扫，仍有建筑垃圾。

三、竣工验收的依据

竣工验收的依据主要有:

1. 上级主管部门批准的设计任务书,城市建设规划部门批准的建设许可证以及其他有关文件。

2. 设计纲要、施工图纸和说明书及工程变更等有关设计文件。

3. 设备技术说明书、现行的施工技术验收标准及规范。

4. 建设单位和施工单位签订的合同文件,规定了双方协作配合协议书以及施工单位提供的有关质量保证文件和技术资料等。

四、竣工验收的标准

由于建设工程项目门类很多,要求各异,因此必须有相应竣工验收标准,以资遵循。一般有土建工程、安装工程、人造工程、管道工程、桥梁工程、电气工程及铁路建筑安装工程等的验收标准。

1. 土建工程验收标准

凡生产性工程、辅助公用设施及生活设施按照设计图纸、技术说明书、验收规范进行验收,工程质量符合各项要求,在工程内容上按规定全部施工完毕,不留尾巴。即对生产性工程要求室外全部做完,室外明沟勒脚、踏步斜道全部做,内外粉刷完毕;建筑物、构筑物周围 2 m 以内场地平整、障碍物清除,道路及下水道畅通。对生活设施和职工住宅除上述要求外,还要求水通、电通、道路通。

2. 安装工程验收标准

按照设计要求的施工项目内容、技术质量要求及验收规范的规定,各道工序全部保质保量施工完毕,不留尾巴。即工艺、燃料、热力等各种管道已做好清洗、试压、吹扫、油漆、保温等工作，各项设备、电气、空调、仪表、通讯等各项工程全部安装结束，经过单机、联动无负荷及投料试车，全部符合安装技术的质量要求，具备形成设计能力的条件。

3．人防工程验收标准

凡有人防工程或结合建设的人防工程的竣工验收必须符合人防工程的有关规定，并要求按工程等级安装好防护密闭门；室外通道在人防密闭外的部位增设防护门，进、排风等孔口，设备安装完毕。目前没有设备的，做好基础和预埋件，具备有设备以后即能安装的条件；应做到内部粉饰完工；内部照明设备安装完毕，并可通电；工程无漏水，回填土结束；通道畅通等。

4．大型管道工程验收标准

大型管道工程（包括铸铁管和钢管）按照设计内容、设计要求、施工规格、验收规范全部（或分段）按质量敷设施工完毕和竣工，泵检必须符合规定要求达到合格，管道内部垃圾要清除，输油管道、自来水管还要经过清洗和消毒，输气管道还要经过通气换气。在施工前，对管道材质用防腐层（内壁及外壁）要根据规定标准进行验收，钢管要注意焊接质量，并加以评定和验收。对设计中选定的闸阀产品质量要慎重检验。地下管道施工后，对覆地要求分层夯实，确保道路质量。

更新改造项目和大修理项目，可以参照国家标准或有关标准，根据工程性质，结合当时的实际情况，由业主与承包商共同商定提出适当的竣工验收的具体标准。

五、竣工验收的程序

按照国家计委的 1215 号文件《建设（工程）竣工验收办法》的规定，建设项目的竣工验收程序如下：

（一）竣工自验（或竣工预验）

1．预验的标准与正式验收标准一致，即国家或地方规定的竣工标准。主要是检验工程完成情况是否符合施工图纸、设计和合同规定的要求，工程质量是否符合有关质量检验标准，工程资料是否齐全。

2．参加自验的人员，应由项目经理组织生产、技术、质量、合同、预算、安全部门及有关施工队长、技术主管等共同参加竣工自验。检验时，在对工程各项逐一检查时，应认真做好各内容的检查记录，对不符合要求的部位和项目，制定出修补措施和标准，指定专人负责，定期修理。

3．上一级单位预验。经过基层施工单位自检，并对不符合要求的项目全部修补后，项目经理根据工程的重要程度，可以提请上级单位(公司)进行检查验收，验收合格后，决定提请正式验收。

(二) 施工单位提交验收申请报告

施工单位决定正式提请验收时，首先应向监理单位提交验收申请报告，监理工程师收到验收申请报告后应按照合同文件的要求和验收标准对申请报告进行详细审查。

(三) 初验

监理工程师审查通过验收申请报告后，应由监理单位组织建设、施工、设计等有关单位对竣工的工程项目进行初验。如果在初验中发现问题，应通知施工单位，令其按规定的质量要求进行修补返工。

(四) 正式验收

竣工项目经过初验合格后，由建设单位提出竣工验收申请报告，组织监理、施工、设计、当地质量监督部门及有关单位参加，在规定的时间内进行验收。

正式验收的程序一般是：

1．参加工程项目竣工验收的各方对已竣工的工程进行目测检查，同时逐一检查工程资料所列内容是否齐备和完整。

2．举行各方面参加的现场验收会议，通常分为以下几步

(1) 项目经理介绍工程施工情况、自检情况以及竣工情况，

出示竣工资料（竣工图和各项原始资料及记录）。

（2）监理工程师通报工程监理中的主要内容，发表竣工验收意见。

（3）业主根据在竣工项目目测中发现的问题，按照合同规定对施工单位提出限期处理的意见。

（4）暂时休会，由质检部门会同业主及监理工程师讨论工程正式验收是否合格。

（5）复会，由监理工程师宣布验收结果，质量站人员宣布工程项目质量等级。

3．办理竣工验收签证书。竣工验收签证书必须有三方的签字方可生效。

（五）竣工验收的步骤

竣工验收一般分为两个阶段进行。

1．单项工程验收。是指在一个总体建设项目中，一个单项工程或一个车间已按设计要求建设完成，能满足生产要求或具体使用条件，且施工单位已预验，监理工程师已初验通过，在此条件下进行的正式验收。

由几个建筑安装企业负责施工的单项工程，当其中某一个企业所负责的部分已按设计完成，也可组织正式验收，办理交工手续，交工时应请总包施工单位参加，以免相互耽误时间。例如：自来水厂的进水口工程，其钢筋混凝土沉箱和水下顶管是基础公司承担施工的，泵房土建则由建筑公司承担，建筑公司是总包单位，基础公司是分包单位，基础公司负责的单位施工完毕后，即可办理竣工验收交接手续，请总包单位参加。

对于建成的住宅可分幢进行正式验收。例如，一个住宅基地一部分住宅已设计要求内容全部建成，另一部分还未建成，可将建成具备居住条件的住宅进行正式验收，以便及早交付使用，提高投资效益。

2. 全部验收。是指整个建设项目已按设计要求全部建设完成，并已符合竣工验收标准，施工单位预验通过，监理工程师初验认可，由监理工程师组织以建设单位为主，有设计、施工等单位参加的正式验收。在整个项目进行全部验收时，对已验收过的单项工程，可以不再进行正式验收和办理验收手续，但应将单项工程验收单作为全部工程验收的附件而加以说明。

第三节 竣工资料的验收

一、工程项目竣工验收资料的内容

工程项目竣工验收的资料主要有：

1. 工程项目开工报告；

2. 工程项目竣工报告；

3. 分项、分部工程和单位工程技术人员名单；

4. 图纸会审和设计交底记录；

5. 设计变更通知单；

6. 技术变更核实单；

7. 工程质量事故发生后调查和处理资料；

8. 水准点位置、定位测量记录、沉降及位移观测记录；

9. 材料、设备、构件的质量合格证明资料；

10. 试验、检验报告；

11. 隐蔽验收记录及施工日志；

12. 竣工图；

13. 质量检验评定资料；

14. 工程竣工验收及资料。

二、工程项目竣工验收资料的审核

1. 审核材料、设备构件的质量合格证明材料。

这些证明材料必须如实地反映实际情况，不得擅自修改、伪造和事后补作。

对有些重要材料，应附有关资质证明材料、质量及性能的复印件。例如焊条，必须有经厂方检验合格的合格证。

2．审核试验检验资料。

各种材料的试验检验资料，必须根据规范要求制作试件或取样，进行规定数量的试验，若施工单位对某种材料的检验缺乏相应的设备，可送具有权威性、法定性的有关机构进行检验。试验检验的结论只有符合设计要求后才能用于工程施工。

3．核查隐蔽工程记录及施工记录。

4．审查竣工图。

5．建设项目竣工图是真实地记录各种地下、地上建筑物等详细情况的技术文件，是对工程进行交工验收、维护、扩建、改建的依据，也是使用单位长期保存的技术资料。

（1）监理工程师必须根据国家有关规定对竣工图绘制基本要求进行审核，以考查施工单位提交竣工图是否符合要求。

（2）审查施工单位提交的竣工图是否与实际情况相符。若有疑问，及时向施工单位提出质询。

（3）竣工图图面是否整洁，字迹是否清楚，是否用圆珠笔和其他易于褪色的墨水绘制，若不整洁，字迹不清，使用圆珠笔绘制等，必须让施工单位按要求重新绘制。

（4）审查中发现施工图不准确或短缺时，要及时让施工单位采取措施修补和补充。

第四节　竣工项目的保修与回访

工程竣工验收，交付用户使用后，按照合同和有关的规定，在保修期内，施工单位抱着对用户认真负责的态度，做好回访工作，征求用户意见。一方面能帮助用户解决使用中存在的一些问题，使使用户满意；另一方面通过回访发现问题以便使自己在今后的工作中改进施工工艺，不断提高工程质量和企业信誉。

一、保修期

保修期是在我国计委颁发的《施工企业用户负责守则》中明确规定的。它是指在工程项目交付使用后，按有关规定的时间内，施工企业必须承担因施工原因引起的质量缺陷的修补工作的阶段。按照国际惯例，在 FIDIC 合同条件中把回访保修期称为缺陷责任期，在我国一般称为保修期。从回访保修期定义中我们可以看出保修的范围主要是指那些由于施工单位的责任，特别是由于施工工艺造成的工程质量不良的问题，而由于用户使用不当而造成的损坏者除外。保修时间一般为一年。

二、工程回访

1. 回访的方式

回访一般采用三种形式：一是季节性回访。大多数是雨季回访屋面、墙面的防水情况，冬季回访采暖系统的情况，发现问题，采取有效措施及时加以解决。二是技术性回访。主要了解在工程施工过程中可采用的新材料、新技术、新工艺、新设备等的技术性能和使用后效果，发现问题及时加以补救和解决，同时也便于总结经验，获取科学依据，为改进、完善和推广创造条件。三是保修期满前的回访。这种回访一般是在保修期即将结束之前进行回访。

2. 回访的方法

应由施工单位的领导组织生产、技术、质量、水电、合同、预算等有关方面的人员进行回访，必要时还可以邀请科研方面的人员参加。回访时，由建设单位组织座谈会或意见听取会，并察看建筑物和设备的运转情况。回访必须认真，解决问题并应做回访记录，不能把回访当成形式或走过场。

对所有的回访和保修都必须予以记录，并提交书面报告，作为技术资料归档。

主要参考书目

1. 韩同银等主编.建设项目施工组织与管理.北京:中国铁道出版社,2000
2. 苏振民主编.建筑施工现场管理手册.北京:中国建材工业出版社,1999
3. 肖洪著.高层建筑施工组织与管理.长沙:湖南科学技术出版社,1995
4. 卢春房等主编.铁路工程铺架施工与管理.北京:中国铁道出版社,1996
5. 封昌玉等编著.工程调度理论与实务.北京:中国铁道出版社,1998
6. 姚兵等主编.全国建筑施工企业项目经理培训教材.北京:中国建筑工业出版社,1995
7. 王起才等主编.铁路施工企业管理.北京:中国经济出版社,1987
8. 黎谷等编著.建筑施工组织与管理.北京:中国人民大学出版社,1987